大学生公共基础课系列教材

信息技术技能提升训练
（基础模块）
（WPS 版）

李荣郴　陈承欢　主编

电子工业出版社

Publishing House of Electronics Industry

北京·BEIJING

内 容 简 介

本书对标教育部 2021 年发布的《高等职业教育专科信息技术课程标准（2021 年版）》，严格执行该课程标准要求，精心设计教材结构、认真筛选教学内容、规范制作教学案例。

本书分为 6 个模块，分别为 WPS Office 文字编辑与处理、WPS Office 表格操作与应用、WPS Office 演示文稿设计与制作、信息检索、认知新一代信息技术、提升信息素养与强化社会责任。

本书是《信息技术》（基础模块 WPS 版）的配套教材，在教学内容选取、教学环节设计、训练任务设置、教学方法运用等方面充分满足实际教学需求和考证需求，并力求有特色、有创新。采用"知识学习与任务驱动"有机结合的教学模式，采用多起点、多路径、灵活多样的组织方式，充分发挥学习者的主观能动性和对知识的应用能力，强化学习者动手能力和职业能力的训练。

本书可以作为普通高等院校、高等或中等职业院校和高等专科院校各专业信息技术基础的教材，也可以作为计算机操作的培训教材及自学参考书。

未经许可，不得以任何方式复制或抄袭本书之部分或全部内容。
版权所有，侵权必究。

图书在版编目（CIP）数据

信息技术技能提升训练：基础模块：WPS 版 / 李荣郴，陈承欢主编. —北京：电子工业出版社，2024.3
ISBN 978-7-121-47980-9

Ⅰ.①信…　Ⅱ.①李…　②陈…　Ⅲ.①电子计算机—教材　Ⅳ.①TP3

中国国家版本馆 CIP 数据核字（2024）第 109326 号

责任编辑：王　花
印　　刷：三河市君旺印务有限公司
装　　订：三河市君旺印务有限公司
出版发行：电子工业出版社
　　　　　北京市海淀区万寿路 173 信箱　邮编　100036
开　　本：787×1092　1/16　印张：13.25　字数：339.2 千字
版　　次：2024 年 3 月第 1 版
印　　次：2024 年 3 月第 1 次印刷
定　　价：44.00 元

凡所购买电子工业出版社图书有缺损问题，请向购买书店调换。若书店售缺，请与本社发行部联系，联系及邮购电话：（010）88254888，88258888。
质量投诉请发邮件至 zlts@phei.com.cn，盗版侵权举报请发邮件至 dbqq@phei.com.cn。
本书咨询联系方式：（010）88254609 或 hzh@phei.com.cn。

前　言

本书是《信息技术》（基础模块 WPS 版）的配套教材，对标教育部 2021 年发布的《高等职业教育专科信息技术课程标准（2021 年版）》，进一步明确信息技术课程的教学目标，严格执行该课程标准要求，精心设计教材结构、认真筛选教学内容、规范制作教学案例，不仅让学习者系统掌握信息技术的基础知识和基本方法，而且能够熟悉 WPS 文档编辑排版、WPS 表格处理、WPS 演示文稿制作和信息检索，认知新一代信息技术，有效提升信息素养与有意强化社会责任，能运用所学知识解决实际问题。在教学内容选取、教学环节设计、训练任务设置、教学方法运用、电子活页浏览等方面充分满足实际教学需求和考证需求，并力求有特色、有创新。

本书具有以下特色和创新。

（1）知识传授、技能训练、能力培养和价值塑造有机结合

本书充分发掘课程中的思政教育元素，提炼课程中蕴含的文化基因和价值导向，弘扬社会主义核心价值观，在教学过程中有意、有机、有效地对学生进行思想政治教育。本书挖掘了严谨细致、精益求精、规范意识、创新意识、责任意识、审美意识、诚实守信、协同思维、辩证思维、文化自信等 10 多项思政元素。从教学目标、教学内容、教学案例、教学过程、教学策略、教学活动、考核评价等方面有机融入这些思政元素。课程教学注重价值塑造和能力培养，引导与激励学生向上、向善、向美。在传授知识、训练技能的基础上，提高学生的政治觉悟、思想水平、道德品质、价值观念与职业能力。

（2）使用国产 WPS Office，服务国家战略

本书办公软件使用 WPS Office，大力推广国产办公软件在高等职业教育和青年群体中的应用，是服务国家信息安全战略的重要举措，符合新时代对高等职业教育信息技术课程建设的要求。

（3）遵循信息技术课程标准，构建了模块化教材结构

全书划分为 6 个模块，分别为 WPS Office 文字编辑与处理、WPS Office 表格操作与应用、WPS Office 演示文稿设计与制作、信息检索、认知新一代信息技术、提升信息素养与强化社会责任。

（4）采用"知识学习与任务驱动"有机结合的教学模式，采用多起点、多路径、灵活多样的组织方式，合理设置教学环节

根据信息技术课程标准的要求，信息技术课程涉及的理论知识和操作方法比较多，限于纸质教材篇幅的限制，将信息技术（基础模块）编写为 2 本教材，分别为《信息技术》主教材和《信息技术技能提升训练》配套教材（即本书）。

为了满足学习者的不同需要，两本书共设置了 3 个学习与训练层次：方法指导、技能

训练和综合实战。

《信息技术》主教材包括"方法指导"环节，该环节分为"知识学习"和"示例分析"两个方面，知识学习以章节方式编排，具有较强的系统性和条理性，"示例分析"环节为基础知识应用与基本方法演示环节，全书共设置了 66 项示例分析任务，主要针对基础知识和基本方法进行操作演示与功能验证，以满足学习者理解基础知识和引导训练基本技能的需要。

《信息技术技能提升训练》（即本书）包括"技能训练"和"综合实战"两个训练环节，"技能训练"环节为基本技能训练环节，全书共设置了 85 项技能训练任务，主要针对基础知识和基本方法的应用进行分步操作训练，以满足学习者熟练掌握基础知识和独立训练基本技能的需要。"综合实战"环节为综合训练环节，采用"任务驱动"方式实施，全书共设置了 31 项综合实践任务，主要针对 WPS 文档处理、WPS 数据处理和 WPS 演示文稿制作的具体实现方法，引导学习者思考、领会知识的应用，熟悉操作方法和实用技巧，以满足学习者按规定要求快速完成规定工作任务的需要，充分发挥学习者的主观能动性和对知识的应用能力，强化学习者动手能力和职业能力的训练，不断提升学习者分析问题、解决问题、拓展知识面的综合能力，有效提升创新思维能力，以满足遇到问题时自行解决难题的需要。

3 个学习与训练层次的设立有效实现了根据教学需要设置合适的学习起点和恰当的教学路径，使用本书的学习者可以根据自身情况从以下 3 条学习路径中选择一条最佳学习路径：

路径之一（即 2 阶段学习路径）：方法指导环节的知识学习+示例分析。

路径之二（即 3 阶段学习路径）：方法指导环节的知识学习+示例分析→技能训练。

路径之三（即 4 阶段学习路径）：方法指导环节的知识学习+示例分析→技能训练→综合实战。

（5）注重方法和手段的创新，强调"做中学、做中会"

本书以应用信息技术解决学习、工作、生活中常见问题为重点，在完成规定的任务过程中熟悉规范、学会方法、掌握知识。力求技能训练任务化、理论教学与实训指导一体化。

本书由郴州思科职业学院李荣郴老师、湖南铁道职业技术学院陈承欢教授共同主编，郴州思科职业学院的雷艳玲、曹蕾、李磊等老师、湖南铁道职业技术学院颜珍平、徐江鸿、张军、朱彬彬、侯伟、张丽芳等老师参与教材编写和案例制作。

由于编者水平有限，书中难免存在疏漏之处，敬请各位专家和学习者批评指正，编者的 QQ 为 1574819688。

编　者

2023 年 2 月

目　　录

模块 1 WPS Office 文字编辑与处理

    WPS 文字可以帮助用户创建和共享美观的文档，给 WPS 文档设置合适的格式，使文档具有更加美观的版式效果，方便阅读和理解文档的内容。文本与段落是构成文档的基本框架，对文本和段落的格式进行适当的设置可以编排出段落层次清晰、可读性强的文档。

【技能训练】

【技能训练 1-1】启动与退出 WPS 文字

选择合适方法完成以下各项操作：
【操作 1】：使用 Windows 10 的"开始"菜单启动 WPS 文字。
【操作 2】：单击 WPS 文字标题栏中"关闭"按钮▣退出 WPS 文字。
【操作 3】：双击 Windows 10 的桌面快捷图标启动 WPS 文字。
【操作 4】：按【Alt】+【F4】快捷键退出 WPS 文字。

【技能训练 1-2】WPS 文档基本操作

选择合适方法完成以下各项操作：
【操作 1】：创建新 WPS 文档。
启动 WPS 文字，然后创建一个新 WPS 文档。
【操作 2】：保存 WPS 文档。
在新创建的 WPS 文档中输入短句"Tomorrow will be better"，然后将新创建的 WPS 文档以名称"WPS 文档基本操作.wps"予以保存，保存位置为"模块 1"。
【操作 3】：关闭 WPS 文档。
将 WPS 文档"WPS 文档基本操作.wps"关闭。
【操作 4】：打开 WPS 文档。
重新打开 WPS 文档"WPS 文档基本操作.wps"，另存为"WPS 文档基本操作 2.wps"。然后退出 WPS 文字。

【技能训练 1-3】WPS 文档中输入文本

打开 WPS 应用程序，输入以下文本内容，然后以"文本输入.wps"为文档名称进行保存操作。

【操作 1】：输入英文和汉字。

姓名：安宁

邮编：410007

电话：1880731****（手机）　　0731-2266****（宅电）

E-Mail：anning@163.com

【操作 2】：混合输入中英文内容。

Practice makes perfect，熟能生巧

Provide for a rainy day，未雨绸缪

【操作 3】：输入特殊符号。

① ‖ 〖〗 【】 ｜

② Ⅰ Ⅱ Ⅲ Ⅳ Ⅴ Ⅵ Ⅶ Ⅷ Ⅸ Ⅹ Ⅺ Ⅻ

③ ≈ ≡ ≠ ≤ ≥ ≮ ≯ ∷ ±

④ 零 壹 贰 叁 肆 伍 陆 柒 捌 玖 拾

⑤ ☆ ★ ※ → ← ↑ ↓ ○ ◇ □ △

⑥ α β γ δ ε ζ η θ λ μ

【操作提示】：利用软键盘输入符号

通过汉字输入法工具条还可以输入键盘无法输入的某些特殊字符，要输入特殊符号，可以通过"软键盘"输入。

在默认情况下，系统并不会打开软键盘，单击汉字输入法工具条中的"软键盘"按钮，系统将自动打开默认的软键盘，如图 1-1 所示。再次单击"软键盘"按钮，即可关闭软键盘。

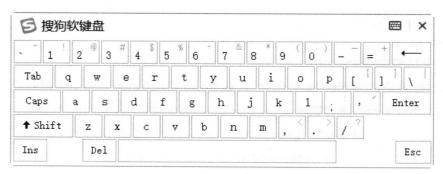

图 1-1　软键盘的默认状态

在打开的软键盘中，通过按软键盘上相对应的键盘按钮，或者单击软键盘上对应的按钮，即可输入软键盘中对应的字符。

在汉字输入法工具条上右击"软键盘"按钮🖮，弹出快捷菜单，该快捷菜单包括 PC 键盘、希腊字母、俄文字母、注音符号、拼音字母、日文平假名、日文片假名、标点符号、数字序号、数学符号、制表符、中文数字和特殊符号等 13 种类型。在弹出的快捷菜单中即可选择不同类型的软键盘，如图 1-2 所示。单击选择一种类型后，系统将自动打开对应的软键盘。

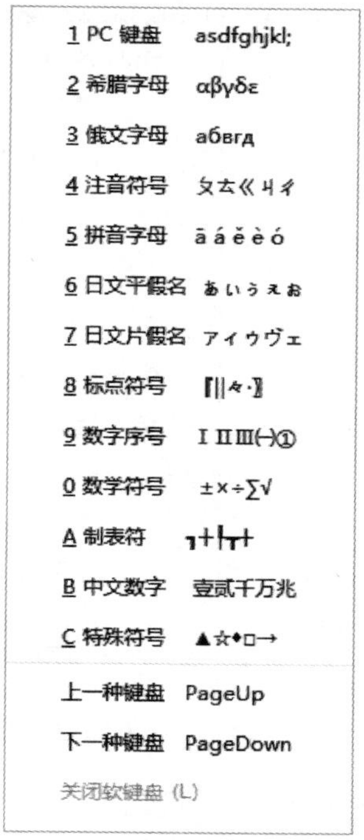

【操作 4】：插入日期和时间。

2035.10.1，1949.10.1 09:18:28

【技能训练 1-4】WPS 文档中设置项目符号与编号

打开 WPS 文档"五四青年节活动方案提纲.wps"，然后完成以下操作。

【操作 1】：在 WPS 文档中设置项目符号。

将文档"五四青年节活动方案提纲.wps"中"三、活动内容"的以下内容（如下所示）设置项目符号"◇"

青春的纪念

青春的关爱

青春的传承

青春的风采

【操作 2】：在 WPS 文档中设置编号。

图 1-2　在快捷菜单中选择软键盘类型

将文档"五四青年节活动方案提纲.wps"中"五、活动要求"的以下内容（如下所示）设置编号，编号格式自行确定。

高度重视，精心组织

突出主题，体现特色

加强宣传，营造氛围

【操作提示】：自定义项目符号与编号

1. 自定义项目符号

如果对系统提供的默认项目符号不满意，可以在下拉菜单中选择"自定义项目符号"命令，打开"项目符号和编号"对话框，在该对话框的"项目符号"选项卡中选择一种项目符号，如图 1-3 所示。

图 1-3 "项目符号和编号"对话框"项目符号"选项卡

　　然后单击"自定义"按钮，打开"自定义项目符号列表"对话框，设置项目符号的字体、字符等，如图 1-4 所示。在该对话框中单击"字体"按钮可以打开"字体"对话框设置项目符号的字体；单击"字符"按钮可以打开"符号"对话框，选择所需的符号。

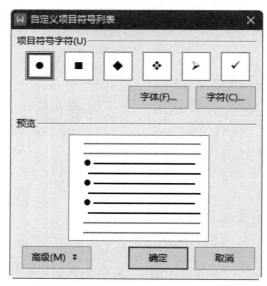

图 1-4 "自定义项目符号列表"对话框

　　在"自定义项目符号列表"对话框中单击"高级"按钮，在该对话框下方展开"高级"选项，可以设置项目符号位置和文字位置，如图 1-5 所示。

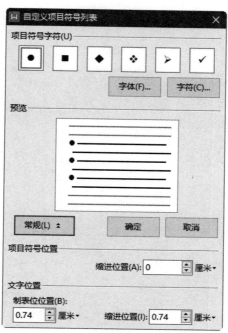

图 1-5　"自定义项目符号列表"对话框的"高级"选项设置

2. 自定义编号

如果对系统提供的默认编号不满意，可以在下拉菜单中选择"自定义编号"命令，打开"项目符号和编号"对话框，在该对话框的"编号"选项卡中选择一种编号，如图 1-6 所示。

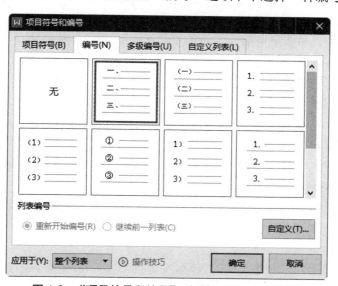

图 1-6　"项目符号和编号"对话框"编号"选项卡

单击"自定义"按钮，还可以打开"自定义编号列表"对话框，对要添加的编号进行自定义设置。在该对话框中单击"高级"按钮，在该对话框下方展开"高级"选项，可以设置编号位置和文字位置，如图 1-7 所示。

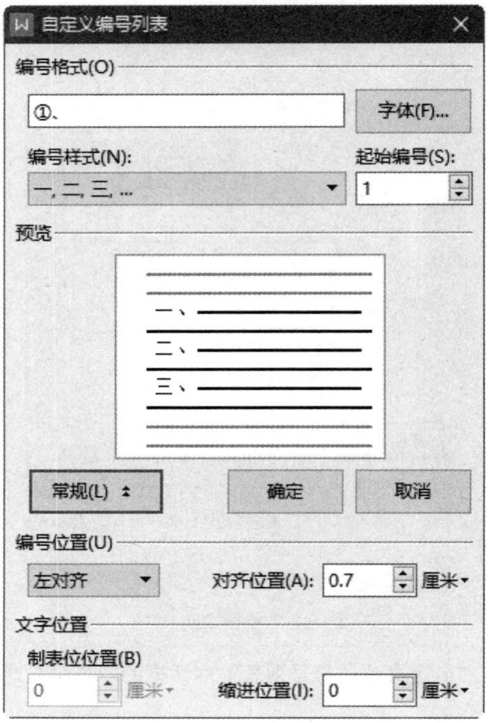

图 1-7　"自定义编号列表"对话框的"高级"选项设置

【技能训练 1-5】WPS 文档中编辑文本

打开 WPS 文档"品经典诗句、悟人生哲理.wps"，然后完成以下各项操作。

【操作 1】：移动插入点。

将光标置于文档中的合适位置，使用多种合适方法移动光标至插入点。

【操作 2】：定位操作。

定位至第 6 行。

【操作 3】：选定文本。

将光标置于文档中的合适位置，使用多种合适的操作方法选择文本内容。

【操作 4】：复制和移动文本。

使用各种复制和移动文本内容的方法进行复制或移动文本操作，复制和移动文本内容完成后，执行撤销操作。

【操作 5】：删除文本。

使用【BackSpace】键和【Delete】键删除文档中的字符，然后执行撤销操作。

【技能训练 1-6】WPS 文档中查找与替换文本

打开 WPS 文档"五四青年节活动方案提纲.wps"，然后完成以下操作。

【操作 1】：常规查找。

在 WPS 文档中查找"青春"。

【操作 2】：高级查找。

（1）查找一般内容

在 WPS 文档中查找"明德学院"。

（2）查找特殊字符

在 WPS 文档中查找段落标记。

（3）查找带格式文本

先设置文本格式，然后查找带格式的文本。

（4）限定搜索范围

自行指定搜索范围，然后进行查找操作。

（5）限定搜索选项

自行指定搜索选项，然后进行查找操作。

【操作 3】：替换操作。

（1）将"六、活动预期效果"替换为"六、预期效果"。

（2）将文档中的"段落标记"替换为"手动换行符"，然后再将"手动换行符"修改为"段落标记"。

【技能训练 1-7】WPS 文档中设置字体格式

打开文件夹"模块 1"中的 WPS 文档"自我鉴定 1.wps"，按照以下要求完成相应的操作。

【操作 1】：将第 1 行（标题行）字体设置为黑体，字号设置为二号。

【操作 2】：将正文第 1 段字体设置为楷体，字号设置为四号，字体颜色设置为红色，下画线线型选用单细实线，下画线颜色设置为绿色。

【操作 3】：将正文第 2 段字体设置为隶书，字号设置为四号，字体颜色设置为蓝色。

【操作 4】：将正文第 3 段字体设置为宋体，字号设置为小四号，字形设置为倾斜，字符间距为加宽 2 磅。

【操作 5】：将正文第 4 段字体设置为仿宋体，字号设置为小四号，添加着重号。

【操作 6】：将正文第 5 段字体设置为华文行楷，字号设置为三号，字形设置为加粗。

【操作 7】：将正文第 6 段字体设置为黑体，字号设置为四号。

【操作提示】：美化文本

（1）设置字体颜色

切换到"开始"选项卡，单击"字体"选项组中的"字体颜色"按钮右侧的箭头按钮，从下拉菜单中选择适当的命令可以设置文本的字体色，如图 1-8 所示。如果对 WPS 预设的字体颜色不满意，可以在下拉菜单中选择"其他字体颜色"命令，打开"颜色"对话框，在其中自定义文本颜色。

（2）设置字符边框与底纹

切换到"开始"选项卡，在"字体"选项组中单击"拼音指南"右侧的箭头按钮▼，在下拉菜单中选择"字符边框"命令，按钮默认值更改为"字符边框"，反复单击"字符边框"按钮，可以设置或撤销文本的边框。

单击"字体"选项组中"突出显示"按钮右侧的箭头按钮▼，弹出如图 1-9 所示下拉菜单，从该下拉菜单中选择适当的命令可以为文本设置其他的背景颜色；如果选择其中的"无"命令，可以将所选文本的背景颜色恢复成默认值。

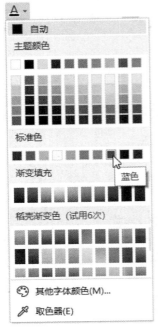

图 1-8 "字体颜色"下拉菜单

图 1-9 "突出显示"下拉菜单

在"开始"选项卡的"段落"选项组中单击"底纹颜色"按钮右侧的箭头按钮，从下拉菜单中选择适当的命令可以设置字符的底纹效果。

单击"段落"选项组中的"边框"按钮右侧的箭头按钮▼，从下拉菜单中选择"边框和底纹"命令，打开"边框和底纹"对话框，如图 1-10 所示。在"边框"选项卡中可以自定义选定文本的边框样式，在"底纹"选项卡中可以进一步设置文本的底纹效果。

（3）设置字符缩放

切换到"开始"选项卡，在"段落"选项组中单击"中文版式"按钮，从下拉菜单中选择"字符缩放"命令，然后在其子菜单中选择适当的比例，即可在保持文本高度不变的情况下设置文本横向伸缩的百分比。

（4）设置字符间距与位置

① 设置字符间距。打开"字体"对话框，切换到"字符间距"选项卡，将"间距"下拉列表框设置为合适的选项。

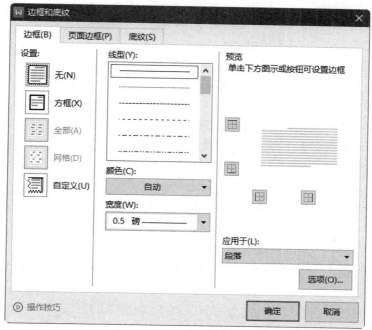

图 1-10　"边框和底纹"对话框

　　② 设置字符位置。在"字体"对话框的"字符间距"选项卡中，将"位置"下拉列表框设置为合适的选项，可以设置选定文本相对于基线的位置。

　　（5）设置双行合一效果

　　在一行中显示两行文字，即实现单行、双行文字的混排效果，操作步骤如下：

　　① 选取准备在一行中双行显示的文字，切换到"开始"选项卡，在"段落"选项组中单击"中文版式"按钮，从下拉菜单中选择"双行合一"命令，如图 1-11 所示。

图 1-11　"段落"选项组中的
"中文版式"下拉菜单

　　② 打开"双行合一"对话框，在该对话框中输入文字"快乐平安"，选中"带括号"复选框，括号样式选择"{}"，如图 1-12 所示，则双行文字将在括号内显示，最后单击"确定"按钮，返回 WPS 文字编辑界面即可。

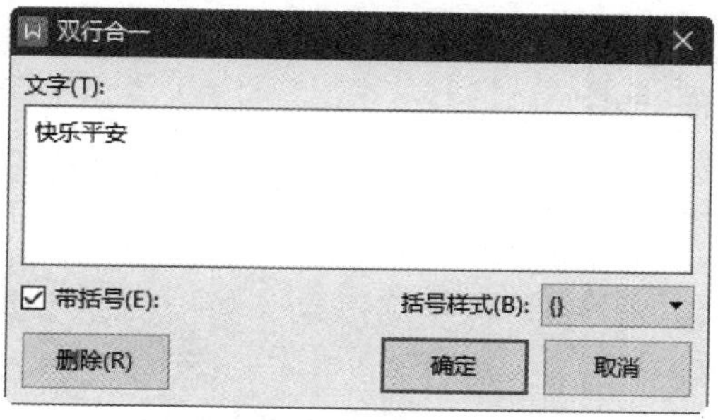

图 1-12　"双行合一"对话框

【技能训练 1-8】WPS 文档中设置段落格式

打开 WPS 文档"自我鉴定 1.wps"，按照以下要求完成相应的操作。

【操作 1】：设置第 1 行（标题行）居中对齐，鉴定人签名行和日期行右对齐，其他各行两端对齐、首行缩进 2 字符。

【操作 2】：设置第 1 行（标题行）段前间距为 6 磅，段后间距为 0.5 行。

【操作 3】：设置正文第 1 段的行距为 1.5 倍行距；设置正文第 2 段的行距为 2 倍行距；设置正文第 3 段的行距为最小值，设置值为 24 磅；设置正文第 4 段的行距为固定值，设置值为 20 磅。

【操作 4】：设置正文最后 2 段（鉴定人签名行和日期行）的行距为多倍行距，设置值为 2.5。

【技能训练 1-9】WPS 文档中应用样式设置文档格式

打开 WPS 文档"端午节放假通知.wps"，然后完成以下操作。

【操作 1】：定义样式。

（1）通知标题：设置字体为宋体，字号为小二号，字形为加粗，居中对齐，行距为最小值 28 磅，段前间距为 1 行，段后间距为 1 行，大纲级别为 1 级。

（2）通知小标题：设置字体为仿宋体，字号为小三号，字形为加粗，首行缩进 2 字符，大纲级别为 2 级，行距为固定值 28 磅。

（3）通知称呼：设置字体为仿宋体，字号为小三号，行距为固定值 28 磅，大纲级别为正文文本。

（4）通知正文：设置字体为仿宋体，字号为小三号，首行缩进 2 字符，行距为固定值 28 磅，大纲级别为正文文本。

（5）通知署名：设置字体为仿宋体，字号为三号，行距为 1.5 倍行距，右对齐，大纲级别为正文文本。

（6）通知日期：设置字体为仿宋体，字号为小三号，行距为 1.5 倍行距，右对齐，大纲级别为正文文本。

【操作 2】：修改样式。

对刚定义的部分样式进一步修改完善。

【操作提示】：修改样式

对于内置样式和自定义样式都可以进行修改，修改样式的步骤如下。

（1）打开"修改样式"对话框

首先在"样式和格式"窗格的样式中选择待修改的样式，例如，"05 小标题"，上方文本框内的样式名称发生相应的改变。然后单击其右侧箭头按钮▾，在弹出的下拉菜单中选择"修改"命令，如图 1-13 所示。

也可以在"样式"选项组中右击相应样式，例如，"05 小标题"，然后在弹出的快捷菜单中选择"修改样式"命令，如图 1-14 所示。

图 1-13　在下拉菜单中选择"修改"命令

图 1-14　在"样式"选项组的快捷菜单中选择"修改样式"命令

还可以在"样式和格式"窗格已有样式列表框中右键单击一种样式，在弹出的快捷菜单中选择"修改"命令，如图 1-15 所示。

（2）修改样式

图 1-15　在快捷菜单中选择"修改"命令

在打开的"修改样式"对话框中可以根据需要重新设置样式，其方法与操作"新建样式"对话框基本类似。在"修改样式"对话框中，单击"格式"按钮，如图 1-16 所示。在各选项的级联菜单中对该样式的各种格式进行修改即可。

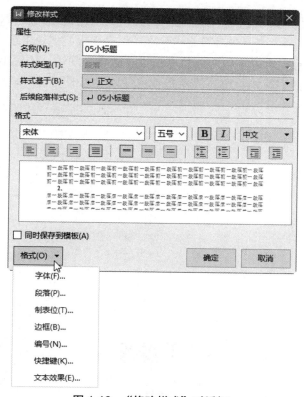

图 1-16　"修改样式"对话框

【操作 3】：应用样式。

（1）通知标题应用样式"通知标题"，通知小标题应用样式"通知小标题"。

（2）通知称呼应用样式"通知称呼"，通知正文应用样式"通知正文"。

（3）通知署名应用样式"通知署名"，通知日期应用样式"通知日期"。

【操作 4】：保存样式定义及文档的格式设置。

【技能训练 1-10】WPS 文档中创建与应用模板

按照以下要求完成相应的操作。

【操作 1】：创建新模板。

利用文件夹"模块 1"中的 WPS 文档"通知.wps"创建模板"通知.wpt"，且保存在同一文件夹。

【操作 2】：利用本机上的自定义模板创建 WPS 文档。

创建基于自定义模板"通知.wpt"的 WPS 文档"中秋节放假通知.wps"，在该文档中插入 WPS 文档"中秋节放假通知内容.wps"中的相关内容，然后使用模板"通知.wpt"的样式分别设置通知标题、称呼、正文、署名和日期的格式。

【操作提示】：利用稻壳模板建立新文档

WPS 文字中内置了多种文档模板，使用稻壳模板创建文档的步骤如下：

依次选择"首页"→"新建文字"命令，在"稻壳模板"列表中选择一种模板类型，例如，求职简历、人资行政、K12 教育、总结汇报、法律合同等，如图 1-17 所示，在出现的模板列表中选择所需的模板，再单击"免费使用"或"立即购买"即可进行修改编辑。

图 1-17　WPS 文字的推荐模板

【技能训练 1-11】WPS 文字中创建表格

【操作 1】：使用"插入"选项卡中的"表格"按钮快速插入表格。

打开 WPS 文档"学生花名册 1.wps"，使用"插入"选项卡中的"表格"按钮快速插入表格的方法，在表格标题"学生花名册"下一行插入 1 张 6 行 4 列的表格，表格中第一行为表格标题行，各列的标题分别为"序号""姓名""性别""出生日期"。

【操作 2】：使用"插入表格"对话框插入表格。

打开 WPS 文档"课程成绩表.wps"，使用"插入表格"对话框插入表格的方法，在表格标题"课程成绩汇总"下一行插入 1 张 10 行 5 列的表格，表格中第一行为表格标题行，各列的标题分别为"序号""姓名""课程 1 成绩""课程 2 成绩""平均成绩"。

【技能训练 1-12】WPS 文字中调整表格行高和列宽

打开已插入表格的 WPS 文档"学生花名册 2.wps"，完成以下操作。

【操作 1】：拖动鼠标粗略调整第 1 行的行高。

【操作 2】：拖动鼠标粗略调整第 1 列的列宽。

【操作 3】：平均分布表格中各行的高度。

【操作 4】：平均分布表格中各列的高度。

【操作 5】：自动调整第 2 列的列宽。

【操作 6】：使用"表格工具"选项卡"表格属性"选项组的高度和宽度数值微调框精确设置行高和列宽。

【操作 7】：使用"表格属性"对话框精确调整表格的宽度、行高和列宽。

【技能训练 1-13】WPS 文字的表格插入操作

打开已插入表格的 WPS 文档"学生花名册 1.wps"，完成以下操作。

【操作 1】：分别在序号"3"对应的行之后和之前各插入 1 行。

【操作 2】：在"姓名"列的右侧插入 1 列，在"出生日期"列的左侧插入 1 列。

【操作 3】：在表格的第 2 行第 3 列对应的单元格插入 1 个单元格，且活动单元格下移。

【技能训练 1-14】WPS 文字的合并与拆分单元格

打开已插入表格的 WPS 文档"课程成绩表 1.wps"，完成以下操作。

【操作 1】：将表格中第 2 列中的第 3 行与第 4 行两个单元格予以合并，将表格中第 5 行、第 6 行中的第 1 列与第 2 列 4 个单元格予以合并。

【操作 2】：将上一步合并的单元格予以拆分，恢复为合并之前的单元格数量。

【操作 3】：从第 7 行将表格拆分为 2 张表格。

【技能训练 1-15】WPS 文字的表格删除操作

打开已插入表格的 WPS 文档"课程成绩表 1.wps"，完成以下操作。

【操作 1】：删除序号为"3"所在的行。

【操作 2】：删除课程 1 成绩所在的列。

【操作 2】：删除序号为"5"的行中"姓名"列对应的单元格。

【操作 4】：删除表格中已有的内容。

【技能训练 1-16】WPS 文字中表格格式设置

打开已插入表格的 WPS 文档"学生花名册.wps"，完成以下操作。

【操作 1】：设置表格的对齐方式和文字环绕方式。

【操作 2】：设置单元格文本的对齐方式。

【操作 3】：设置表格的边框和底纹。

【操作 4】：设置单元格的边距。

① 设置表格默认的单元格边距。

② 设置选定单元格的边距。

【技能训练 1-17】WPS 文档中制作个人基本信息表

新建并打开 WPS 文档"个人基本信息表.wps"，按照以下要求完成相应的操作：

（1）先输入标题"个人基本信息表"，然后在该标题下面插入 1 个 12 行 7 列的表格，表格宽度设置为"16 厘米"，各行的高度最小值为"0.9 厘米"。表格的对齐方式设置为"居中"，单元格的垂直对齐方式设置为"居中"，文字环绕设置为"无"。

（2）根据需要进行单元格的合并或拆分，例如，"学历学位"为 2 个单元格合并，"照片"为 4 个单元格合并，"家庭主要成员社会关系"为 4 个单元格合并。

（3）适当调整表格各行的高度和各列的宽度。

（4）在表格中输入必要的文字。

"个人基本信息表"的外观效果如图 1-18 所示。

【操作提示】

"个人基本信息表"中第 1 列上面 6 行中的宽度与下面 6 行宽度不同，只需独立选择第 1 列下面 6 行，然后通过拖动鼠标方式调整列宽即可。

最后 4 行的纵向表格线也可以先选择这 4 行，然后通过拖动鼠标方式调整列宽即可。

个人基本信息表

姓 名		性 别		出生年月（岁）	（　）岁	照片
民 族		籍 贯		健康状况		
参加工作时间		身份证号				
专业技术职务		熟悉专业		有何专长		
学 历学 位	全日制教 育			毕业院校系及专业		
	在 职教 育			毕业院校系及专业		
简历						
当荣获誉						

家庭社会主要关成系	称谓	姓 名	年龄	政治面貌	工作单位及职务

图 1-18　"个人基本信息表"的外观效果

【技能训练 1-18】在 WPS 文档中插入稻壳图片

参照以下操作步骤在 WPS 文档中插入稻壳图片。

① 将插入点置于文档中想要插入图片的位置，切换到"插入"选项卡，单击"图片"按钮下边的箭头按钮 图片▾，弹出下拉面板。

② 在"稻壳图片"搜索框中输入关键字，如"风景"等，也可以直接在下方分类图片库里选择对应分类。

③ 单击左侧"搜索"按钮🔍或者按【Enter】键，搜索结果将显示在下方"结果"区中。

④ 单击选择所需的图片，如图 1-19 所示，即可将其插入到文档中的插入点位置了。

【说明】：在"插入"选项卡中，单击"稻壳资源"按钮，在打开的"稻壳资源"窗口中选择需要的图片或其他素材，如图 1-20 所示。

图 1-19　插入"风景"类型的"稻壳"图片

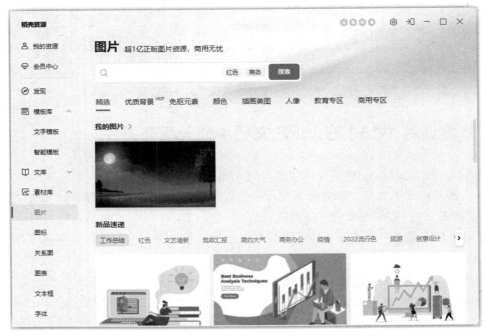

图 1-20　在"稻壳资源"窗口中选择图片或其他素材

【技能训练 1-19】WPS 文档中插入与编辑图片

创建并打开 WPS 文档"插入与编辑图片.wps"，然后完成以下操作。

【操作 1】：在该文档中插入 4 张图片：t01.jpg、t02.jpg、t03.jpg、t04.jpg。

【操作 2】：移动图片 t01.jpg 的位置，改变图片 t02.jpg 的大小和角度，删除图片 t04.jpg。

【操作 3】：为图片 t01.jpg 设置"阴影"效果，为图片 t02.jpg 设置"发光"效果，为图片 t03.jpg 设置"柔化边缘"效果。

【操作 4】：为图片 t03.jpg 设置边框效果。

【技能训练 1-20】WPS 文档中绘制计算机工作原理图

创建与打开文件夹"模块 1"中的 WPS 文档"计算机工作原理图.wps"，在该文档中绘制如图 1-21 所示计算机工作原理图。

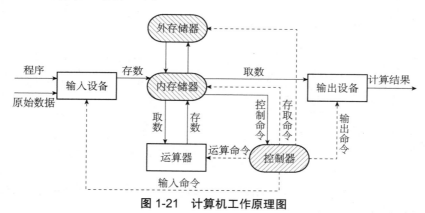

图 1-21　计算机工作原理图

【技能训练 1-21】WPS 文档中插入与编辑文本框

创建并打开 WPS 文档"插入与编辑文本框.wps"，然后完成以下操作。

【操作 1】：在 WPS 文档"插入与编辑文本框.wps"中分别插入 2 个文本框，在第 1 个文本框中输入文字"大自然之美"，在第 2 张文本框中插入 1 张图片 t01.jpg。

【操作 2】：分别调整两个文本框的大小、位置，并设置其环绕方式。

【技能训练 1-22】WPS 文档中插入与编辑艺术字

创建并打开 WPS 文档"插入与编辑艺术字.wps"，然后完成以下操作。

【操作 1】：在 WPS 文档"插入与编辑艺术字.wps"中插入艺术字"循序而渐进，熟读而精思"。

【操作 2】：依次设置所插入艺术字的"阴影""倒影""发光""三维旋转"效果。

【技能训练 1-23】输入椭圆的标准方程

创建并打开文档"输入与编辑公式.docx"，然后参照以下操作步骤输入椭圆的标准方程 $x^2/a^2+y^2/b^2=1$。

（1）在"插入"选项卡"公式"按钮的下拉列表中选择"插入新公式"命令，在文档中自动出现公式输入框，如图 1-22 所示。

图 1-22　文档中的公式输入框

（2）在"公式工具"选项卡中单击"分数"按钮，在弹出的下拉面板"分数"栏中选择"分数（竖式）"选项，如图 1-23 所示。

在公式输入框中出现输入竖式分数的占位符形状，如图 1-24 所示。

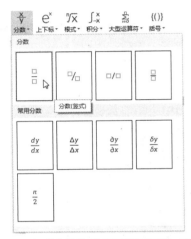

图 1-23　在"分数"按钮下拉面板的"分数"　　　图 1-24　在公式输入框中输入竖式分数的形状
栏中选择"分数（竖式）"选项

将光标移至分子位置，然后在"公式工具"选项卡中单击"上下标"按钮，在弹出的下拉面板"下标和上标"栏中选择"上标"选项，如图 1-25 所示。

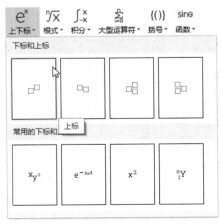

图 1-25　在"上下标"按钮下拉面板"下标和上标"栏中选择"上标"选项

在公式输入框中的分子位置出现输入上下标的占位符形状，如图 1-26 所示。在底数位置输入"x"，在指数位置输入"2"。按类似方法，在分母位置输入 a^2，然后将光标移至分数的右侧后，输入"+"，输入的部分公式如图 1-27 所示。

接着，按类似方法输入 $\dfrac{y^2}{b^2}$、=、1，完整的公式如图1-28 所示。

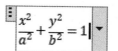

图 1-26　公式输入框中分数
位置输入上下标的形状

图 1-27　输入椭圆的标准
方程的一部分

图 1-28　椭圆标准方程的
完整公式

【注意】：在公式输入框中输入公式时，应特别注意光标所处的位置，例如，输入分母时，光标应位于分母占位符中，输入分子时，光标应位于分子占位符中；输入底数时，光标应位于底数占位符中，输入指数时，光标应位于指数占位符中；输入图 1-28 中的+、=、1 等常规字符时，光标应位于分数线位置的占位符中，否则，如果输入的位置不正确，可能会输入到分子或分母位置。

接下来，在公式输入框中选中分数 $\dfrac{x^2}{a^2}$，右击，在弹出的快捷菜单中选择"更改为分数（斜式）"命令，如图1-29 所示。

按类似方法，将分数 $\dfrac{y^2}{b^2}$ 也设置为斜式，分数形式为斜式的椭圆标准方程完整公式如图 1-30 所示。

图 1-29　在"分数"的快捷菜单中
选择"更改为分数（斜式）"命令

$$x^2\big/a^2 + y^2\big/b^2 = 1$$

图 1-30　分数形式为斜式的椭圆标准方程完整公式

【技能训练 1-24】使用"公式编辑器"在 WPS 文档中输入公式

参照以下操作在 WPS 文档"输入与编辑公式.docx"中输入公式 $c=\sqrt{a^2+b^2}$。

（1）打开"公式编辑器"窗口和公式输入框。

"公式编辑器"窗口打开后，会出现一个公式输入框，此时光标位于公式输入框内部。

（2）在公式输入框中输入"c="常规字符。

（3）在"模板"工具栏中单击"分式和根式"按钮，在弹出的下拉列表中选择"平方根"选项，如图 1-31 所示。然后在"公式编辑器"窗口中出现如图 1-32 所示的平方根输入占位符。

图 1-31　在"分式和根式"下拉列表中选择
"平方根"选项

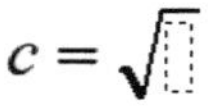

$$c = \sqrt{}$$

图 1-32　平方根输入占位符

（4）在"模板"工具栏中单击"上标和下标"按钮，在弹出的下拉列表中选择"带上标极限的大型运算符"选项，如图 1-33 所示。然后在"公式编辑器"窗口中出现如图 1-34 所示的上标输入占位符。

接着输入 a^2，按【→】键，将光标移至常规字符输入位置，输入"+"，输出结果如图 1-35 所示。

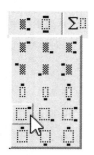

图 1-33　在"上标和下标"下拉列表中
选择"带上标极限的大型运算符"选项

$$c = \sqrt{}$$

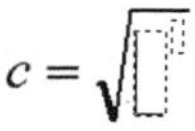

图 1-34　上标输入占位符

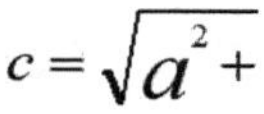

$$c = \sqrt{a^2 +}$$

图 1-35　在平方根占位符
中输入"a^2+"

按类似方法继续输入"b^2"，"公式编辑器"窗口中输入的完整公式如图 1-36 所示。

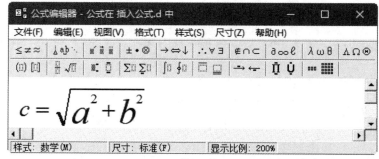

图 1-36　"公式编辑器"窗口中输入的完整公式

公式输入完成后，在"公式编辑器"窗口中单击"文件"菜单，在弹出的下拉菜单中选择"退出并返回到插入公式.d"命令，如图 1-37 所示，关闭"公式编辑器"窗口并返回文档编辑窗口。

文档编辑窗口对应的公式如图 1-38 所示。

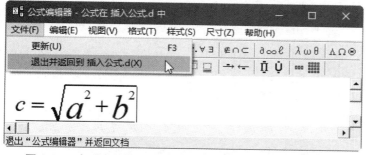

图 1-37　在"文件"菜单的下拉菜单中选择"退出并返回到　　　图 1-38　文档编辑窗口
插入公式.d"命令　　　　　　　　　对应的公式

【技能训练 1-25】WPS 文档中输入与编辑数学公式

在文件夹"模块 1"中创建并打开 WPS 文档"输入与编辑数学公式.wps"，输入以下两个数学公式。

（1）计算公式 1：$\int_0^{\frac{\pi}{2}} \cos x \sin^4 x \mathrm{d}x$

（2）计算公式 2：$\int \dfrac{2x+10}{x^2+3x-10} \mathrm{d}x$

【技能训练 1-26】在 WPS 文档中设置水印背景效果

创建并打开文档"设置水印效果.wps"，然后参考以下步骤设置水印背景效果。

（1）选择"插入水印"命令

在"插入"选项卡中单击"水印"按钮，在弹出的下拉列表中选择一种水印样式，这里在下拉列表中选择"插入水印"命令，如图 1-39 所示。

（2）设置文字水印

在弹出的"水印"对话框中选择"文字水印"复选框，然后在"内容"输入框中输入"严禁复制"，在"版式"下拉列表中选择"倾斜"，其他选项采用默认设置即可，如图 1-40 所示。

图 1-39　在"水印"按钮的下拉列表中选择"插入水印"命令

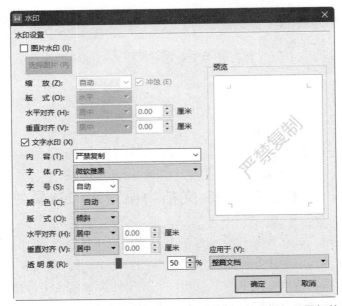

图 1-40　在"水印"对话框中选择"文字水印"复选框与设置相关参数

单击"确定"按钮关闭"水印"对话框，文档中插入的水印效果如图 1-41 所示。

（3）设置图片水印

在"水印"对话框中选择"图片水印"复选框，然后单击"选择图片"按钮，弹出"选择图片"对话框，如图 1-42 所示，找到并选择作为水印的图片后，单击"打开"按钮，返回"水印"对话框。

图 1-41　在文档中插入的"严禁复制"文字水印效果

图 1-42　"选择图片"对话框

在"水印"对话框的"缩放"列表框中选择"50%"，其他参数保持默认值不变，如图 1-43 所示，然后单击"确定"按钮，即可插入水印图片。

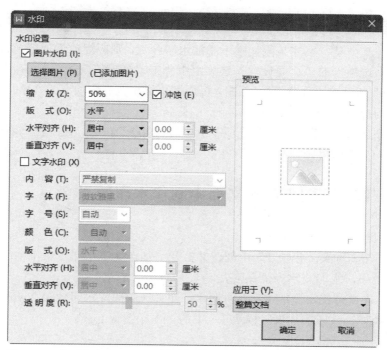

图 1-43　在"水印"对话框中选择"图片水印"复选框与设置相关参数

在文档中插入的图片水印效果如图 1-44 所示。

要调整文档中水印图片的亮度、大小和位置，可以在"插入"选项卡中单击"页眉和页脚"按钮，进入"页眉和页脚"状态。然后选中水印图片，在"图片工具"选项卡中调整对比度和亮度，适当裁剪后，拖动或指定高度和宽度后完成设置即可，文档中选中水印图片的效果如图 1-45 所示。

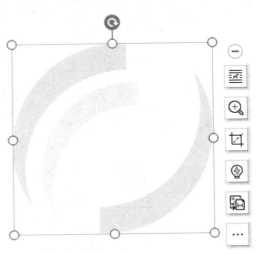

图 1-44　在文档中插入的图片水印效果　　　　图 1-45　在文档中选中水印图片的效果

【操作提示】

如果只需在其中某一页或某段文字下添加水印图片，则应提前添加分节符，方法如下：在"页面布局"选项卡的"页面设置"选项组中单击"分隔符"按钮，在下拉列表中选择"下一页分节符"或"连续分节符"，并在"页眉和页脚工具"选项卡的"导航"选项组中取消"同前节"的选中状态。

如果需要删除水印，在"插入"选项卡中单击"水印"按钮，在下拉列表中选择"删除文档中的水印"命令即可。

【技能训练 1-27】WPS 文档中制作水印效果

在 WPS 文档中完成以下操作。

【操作 1】：在文件夹"模块 1"中创建并打开"制作文字水印效果 1.wps"文档，然后制作文本水印效果，水印文字为"保密"。

【操作 2】：在文件夹"模块 1"中创建并打开"制作图片水印效果 2.wps"文档，然后制作图片水印效果，水印图片为"模块 1"中的"水印图片.jpg"。

【技能训练 1-28】WPS 文档页面设置与效果预览

打开文件夹"模块 1"中的 WPS 文档"第 1 章数学计算应用程序设计.wps"，按照以下要求完成相应的操作：

【操作 1】：设置上、下边距为 3 厘米，左、右边距为 3.27 厘米，方向为"纵向"。

【操作 2】：设置页眉距边界距离为 2 厘米，页脚距边界距离为 2.75 厘米，设置页眉和页脚"奇偶页不同"和"首页不同"。

【操作 3】：设置"网格"类型为"指定行和字符网格"，每行字符 39 字符，每页 43 行。

【操作 4】：首页不显示页眉，偶数页的页眉为"应用程序设计"，奇数页的页眉为"第 1 章　数学计算应用程序设计"。

【操作 5】：在页脚中插入页码，页码居中对齐，首页不显示页码，起始页码为 1。

【操作 6】：分别以"单页"和"双页"两种方式预览文档。

【操作 7】：分别以"100%"、"200%"和"60%"三种不同的显示比例预览文档。

【技能训练 1-29】利用 WPS 邮件合并功能制作并打印请柬

使用 WPS 文字中的邮件合并功能制作"请柬"，具体要求如下：

以 WPS 文档"请柬.wps"作为主文档，以同一文件夹中的 Excel 文档"20 邀请单位名单.et"作为数据源，使用 WPS 的邮件合并功能制作研讨会请柬，其中"联系人姓名"和"称呼"利用邮件合并功能动态获取。要求插入 2 个域的主文档外观如图 1-46 所示，然后预览研讨会请柬。

请柬

《联系人姓名》《称呼》：
　　感谢您一直以来对我院工作的大力支持，兹定于 20××年 12 月 18 日在天台山庄会议中心召开校企合作研讨会，敬请您光临指导。

明德学院
20××年 12 月 6 日

图 1-46　插入了《联系人姓名》和《称呼》2 个域之后的主文档外观效果

利用 WPS 邮件合并功能制作并打印请柬的主要操作步骤包括创建主文档、选择数据源、插入合并域、预览邮件合并的结果和生成新文档等。

1. 创建主文档

主文档就是要使用的 WPS 模板，常见文档类型有普通 WPS 文档、信函和标签等。在文档编辑区录入与设置"请柬"主文档的内容，如图 1-47 所示。

请柬

先生/女士：
　　感谢您一直以来对我院工作的大力支持，兹定于 20××年 12 月 18 日在天台山庄会议中心召开校企合作研讨会，敬请您光临指导。

明德学院
20××年 12 月 6 日

图 1-47　"请柬"主文档内容

图 1-48　在"引用"选项卡中单击"邮件"按钮

在"引用"选项卡中单击"邮件"按钮，如图 1-48 所示。

显示"邮件合并"选项卡，如图 1-49 所示。

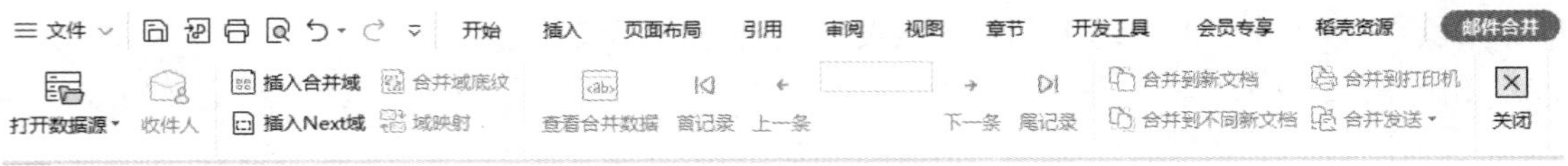

图 1-49　"邮件合并"选项卡

2. 选择数据源

数据源中存放主文档所需要的数据。数据源的来源有很多，例如，WPS 表格、Excel 表格、文本文件、SQL 数据库等多种类型的文件。

数据源"邀请单位名单.et"，如表 1-1 所示。

表 1-1　"邀请单位名单.et"数据源

序号	单位名称	联系人姓名	称呼
1	北京创博龙智信息科技股份有限公司	简红英	女士
2	湖北开启时代电子信息技术有限公司	夏伟良	小姐
3	长城信息产业股份有限公司	安　静	先生
4	江西先步信息股份有限公司	何　玲	女士
5	青苹果数据中心有限公司	高　尚	先生
6	上海中科博华科技有限公司	柳美丽	女士
7	长沙鸿汉电子有限公司	李伟华	女士
8	湖南时代电子技术有限公司	廖时才	先生
9	福建天健信息科技有限公司	阳　光	小姐
10	湖南华自科技有限公司	陈　亮	先生
11	安徽昂歌信息科技有限公司	夏建业	先生
12	广东浪潮电脑有限责任公司	张家新	先生

在"邮件合并"选项卡中单击"打开数据源"按钮，弹出"选取数据源"对话框，选择文件"20 邀请单位名单.et"，并单击"打开"按钮，打开该数据源文件，如图 1-50 所示。

在"邮件合并"选项卡中单击"收件人"按钮，在弹出的"邮件合并收件人"对话框中单击"全选"按钮，如图 1-51 所示，然后单击"确定"按钮添加邮件合并的收件人。

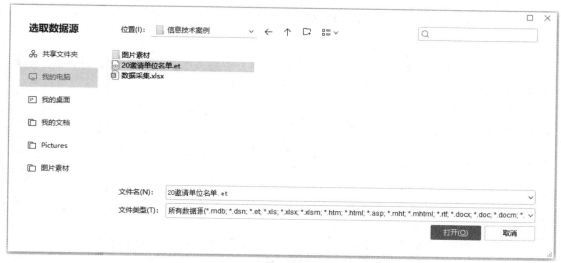

图 1-50　"选取数据源"对话框

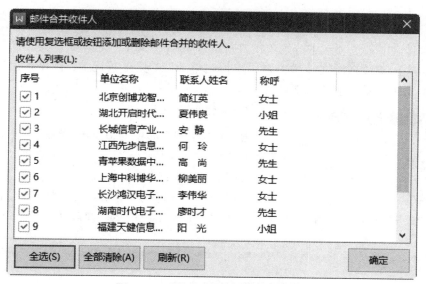

图 1-51　"邮件合并收件人"对话框

3. 插入合并域

将光标移至"请柬"主文档中需输入合并域的位置，这里将光标置于主文档中"先生/女士："的左侧，然后在"邮件合并"选项卡中单击"插入合并域"按钮，在弹出的"插入域"对话框的"域"列表框中选择需要插入的域，这里先选择"联系人姓名"域，单击"插入"按钮，如图 1-52 所示；然后再一次选择"称呼"域，单击"插入"按钮。最后单击"关闭"按钮关闭"插入域"对话框，返回主文档。

在主文档"请柬.wps"中删除已有的文字"先生/女士"，

图 1-52　"插入域"对话框

保留"："，在《联系人姓名》域与《称呼》域之间添加 2 个空格" "。

4. 预览邮件合并的结果

在"邮件合并"选项卡中单击"查看合并数据"按钮，如图 1-53 所示，就可看到邮件合并的结果，如图 1-54 所示。

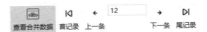

图 1-53　在"邮件合并"选项卡中单击"查看合并数据"按钮

请柬

张家新　先生：

　　感谢您一直以来对我院工作的大力支持，兹定于 20××年 12 月 18 日在天台山庄会议中心召开校企合作研讨会，敬请您光临指导。

明德学院
20××年 12 月 6 日

图 1-54　查看邮件合并的结果

在"邮件合并"选项卡中分别单击"首记录""上一条""下一条""尾记录"按钮，可以在主文档中浏览数据源文件"20 邀请单位名单.et"的第 1 条记录、前 1 条记录、后 1 条记录、最后 1 条记录对应的请柬内容。

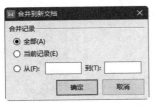

图 1-55　"合并到新文档"对话框

5. 生成新文档

在"邮件合并"选项卡中单击"合并到新文档"按钮，在弹出的"合并到新文档"对话框中选择"全部"，如图 1-55 所示，单击"确定"按钮。

生成"文字文稿 1"文档，将其保存为"请柬新文档.docx"即可，该文档中包含多张请柬内容，如图 1-56 所示。

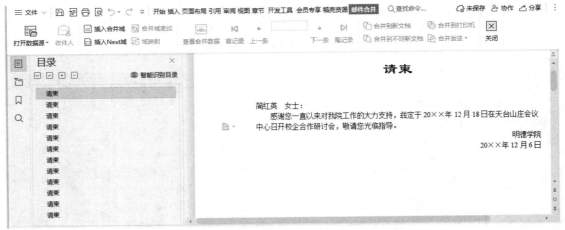

图 1-56　包含多张请柬内容的"请柬新文档.docx"

【技能训练 1-30】在 WPS 文档中制作准考证

以文件夹"模块 1"中的 WPS 文档"大学英语四级考试准考证.wps"作为主文档，利用同一文件夹中的 WPS 工作簿"大学英语四级考试学生名单.et"作为数据源，使用 WPS 文字的邮件合并功能制作准考证。插入了多个域的主文档外观如图 1-57 所示。

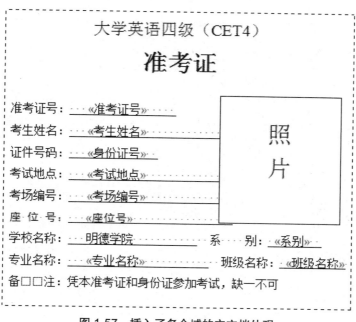

图 1-57　插入了多个域的主文档外观

【综合实战】

【任务 1-1】设置"教师节贺信"文档的格式

【任务描述】

打开 WPS 文档"教师节贺信.wps"，按照以下要求完成相应的格式设置：

（1）设置第 1 行（标题"教师节贺信"）字体格式为"楷体、二号、加粗"；将第 2 行"全院教师和教育工作者："设置为"仿宋体、小三号、加粗"；设置正文中的"秋风送爽，桃李芬芳。""百年大计，教育为本。""教育工作，崇高而伟大。""发展无止境，奋斗未有期。"等文字格式为"黑体、小四号、加粗"，将正文中其他的文字设置为"宋体、小四号"；将贺信的落款与日期设置为"仿宋体、小四号"。

（2）设置第 1 行居中对齐，第 2 行居左对齐且无缩进，贺信的落款与日期右对齐，其他各行两端对齐、首行缩进 2 字符。

（3）设置第 1 行的行距为单倍行距，段前间距为 6 磅，段后间距为 0.5 行；设置第 2 行的行距为 1.5 倍行距。

（4）设置正文第 3 段至第 7 段的行距为固定值，设置值为 20 磅。

（5）设置贺信的落款与日期的行距为多倍行距，设置值为 1.2。

相应格式设置完成后的"教师节贺信.wps"如图 1-58 所示。

教师节贺信

尊敬的老师们：

秋风送爽，桃李芬芳。在这收获的时节，我们迎来了第××个教师节。值此佳节之际，向辛勤工作在各个岗位的教师、教育工作者，向为学校的建设和发展做出重大贡献的全体离退休老教师致以节日的祝贺和亲切的慰问！

百年大计，教育为本。教育大计，教师为本。尊师重教是一个国家兴旺发达的标志，为人师表是每个教师的行为准则。"师者，所以传道、授业、解惑也"。今天我们的老师传道，就是要传爱国之道；授业，就是要教授学生建设祖国的知识和技能；解惑，就是要引导学生去思考、创新，培养学生的创造性思维。

教育工作，崇高而伟大。我院的广大教职工是一支团结拼搏、务实进取、勤奋敬业、敢于不断超越自我的优秀群体。长期以来，你们传承并发扬着"尚德、励志、精技、强能"的校训，忠于职守、默默耕耘、无私奉献，以自己高尚的职业道德和良好的专业水平教育学生。正是在广大教职工的辛勤付出和共同努力下，我院各项事业取得了长足发展。我们的党建工作不断丰富，各项文化活动全面展开，促进了社会主义核心价值观的培育践行；我们的专业建设布局更趋合理，人才培养质量不断提高；我们的科研能力大幅度提升，优势和特色进一步彰显；我们的教学、生活环境也不断得到改善。这一切成绩的取得，都凝聚了全院广大教师的心血和汗水，聪明和才智。

发展无止境，奋斗未有期。面对新的发展形势和历史机遇，希望全院广大教职工要肩负起时代的使命，为学校的发展再立新功，继续携手同行，迎难而上，团结一心，抓住发展机遇，向改革要动力，向特色要内涵，为学院更加美好的明天而努力拼搏，确保学院在深化改革、争创一流中再谱新篇，再创辉煌！

最后，祝全体教职工节日快乐！身体健康！万事如意！

明德学院
20××年 9 月 9 日

图 1-58 "教师节贺信"的外观效果

【任务实施】

1. 设置"标题"和第 2 行文字的字符格式

（1）选择文档中的标题"教师节贺信"，然后在"开始"选项卡"字体"列表中选择"楷体"，在"字号"列表中选择"二号"，单击"加粗"按钮。

选择第 2 行文字"全院教师和教育工作者："，然后在"开始"选项卡"字体"列表中选择"仿宋"，在"字号"列表中选择"小三号"，单击"加粗"按钮。

2. 设置"正文"第 1 段文本内容的字符格式

首先选择正文第 1 段文本内容，然后打开"字体"对话框。

在"字体"对话框的"字体"选项卡中为所选中文本设置中文字体为"宋体"、字形为"常规"、字号为"小四"，字符颜色、下画线、着重号和效果保持默认值不变。

在"字体"对话框中切换到"字符间距"选项卡，对文本的缩放、间距和位置进行合理设置。

3. 利用格式刷快速设置字符格式

选定已设置格式的第 1 段文本，单击"格式刷"按钮，然后按住鼠标左键，在需要设置相同格式的其他段落文本上拖动鼠标，即可将格式复制到拖动过的文本上。

4. 设置"标题"的段落格式

首先将插入点移到"标题行"内，在"开始"选项卡"段落"选项组中单击"居中"按钮，即可设置标题行为居中对齐。然后在"开始"选项卡"段落"选项组中单击"行距"按钮，在弹出的下拉菜单中选择"其他"命令，弹出"段落"对话框，在该对话框的"缩进和间距"选项卡的"间距"栏中设置"段前"间距为"6 磅"，"段后"间距为"0.5 行"，然后单击"确定"按钮使设置生效并关闭该对话框。

5. 设置正文第 1 段的段落格式

将插入点移到正文第 1 段内的任意位置，打开"段落"对话框。

在"段落"对话框的"缩进和间距"选项卡中，"对齐方式"选择"两端对齐"，"大纲级别"选择"正文文本"，"文本之前"和"文本之后"缩进设置为"0 字符"，"特殊格式"选择"首行缩进"，"度量值"设置为"2 字符"，"段前"和"段后"间距设置为"0 行"，"行距"选择"固定值"，"设置值"为"20 磅"。

6. 利用格式刷快速设置其他各段的格式

选定已设置格式的第 1 段落，单击"格式刷"按钮，然后按住鼠标左键，在需要设置相同格式的其他各段落上拖动鼠标，即可将格式复制到该段落。

7. 设置正文中关键句子的字符格式

（1）选择文档中第 1 个关键句子"秋风送爽，桃李芬芳。"，然后在"开始"选项卡"字体"组的"字体"列表中选择"黑体"，在"字号"列表中选择"小四号"，单击"加粗"按钮。

（2）选定已设置格式的第 1 个关键句子"秋风送爽，桃李芬芳。"，单击"格式刷"按钮，然后按住鼠标左键，在需要设置相同格式的其他关键句子"百年大计，教育为本。""教育工作，崇高而伟大。""发展无止境，奋斗未有期。"上拖动鼠标，即可将格式复制到拖动过的文本上。

8. 设置贺信的落款与日期的格式

（1）选择贺信文档中的落款与日期，然后在"开始"选项卡"字体"选项组的"字体"列表中选择"仿宋"，在"字号"列表中选择"小四号"。

（2）选择贺信文档中的落款与日期，然后打开"段落"对话框，在该对话框的"缩进和间距"选项卡"间距"栏的"行距"列表中选择"多倍行距"，在"设置值"数字框中输入"1.2"，然后单击"确定"按钮关闭该对话框。

WPS 文档"教师节贺信.wps"的最终设置效果如图 1-58 所示。

9. 保存文档

在快速访问工具栏中单击"保存"按钮，对 WPS 文档"教师节贺信.wps"进行保存操作。

【任务 1-2】自定义"通知"模板与应用模板中的样式

【任务描述】

打开 WPS 文档"关于暑假放假及秋季开学时间的通知.wps"，按照以下要求完成相应的操作。

（1）创建以下各个样式

① 通知标题：设置字体为宋体，字号为小二号，字形为加粗，居中对齐，行距为最小值 28 磅，段前间距为 6 磅，段后间距为 1 行，大纲级别为 1 级。

② 通知小标题：设置字体为宋体，字号为小三号，字形为加粗，首行缩进 2 字符，大纲级别为 2 级，行距为固定值 28 磅。

③ 通知称呼：设置字体为宋体，字号为小三号，行距为固定值 28 磅，无缩进，大纲级别为正文文本。

④ 通知正文：设置字体为宋体，字号为小三号，首行缩进 2 字符，行距为固定值 28 磅，大纲级别为正文文本。

⑤ 通知署名：设置字体为宋体，字号为三号，行距为 1.5 倍行距，右对齐，大纲级别为正文文本。

⑥ 通知日期：设置字体为宋体，字号为小三号，行距为 1.5 倍行距，右对齐，大纲级别为正文文本。

⑦ 文件头：设置字体为宋体，字号为小初，字形为加粗，颜色为红色，行距为单倍行距，居中对齐，字符间距为加 0.8 厘米。

（2）应用自定义的样式

① 文件头应用样式"文件头"，通知标题应用样式"通知标题"。

② 通知称呼应用样式"通知称呼"，通知正文应用样式"通知正文"。

③ 通知署名应用样式"通知署名"，通知日期应用样式"通知日期"。

④ 通知正文中"1. 暑假放假时间"和"2. 秋季开学时间"应用"通知小标题"。

（3）在文件头位置插入水平线段，并设置其线型为由粗到细的双线，线宽为 4.5 磅，长度为 15 厘米，颜色为红色，文件头的外观效果如图 1-59 所示。

（4）在"通知"落款位置插入如图 1-60 所示的印章，设置印章的高度为 4.05 厘米，宽度为 4 厘米。

明　德　学　院

图 1-59　文件头的外观效果　　　　　　图 1-60　待插入的印章

（5）保存样式定义及文档的格式设置。

（6）利用 WPS 文档"关于暑假放假及秋季开学时间的通知.wps"创建自定义模板"通知模板.dotx"，且保存在同一文件夹。

（7）基于自定义模板"通知模板.dotx"创建新的 WPS 文档"关于'五一'国际劳动节放假的通知.wps"，且利用模板"通知模板.dotx"中的样式分别设置通知标题、称呼、正文、署名和日期的格式。

WPS 文档"'五一'国际劳动节放假的通知.wps"的最终设置效果如图 1-61 所示。

明 德 学 院

关于 20××年"五一"国际劳动节放假的通知

全院各部门：

　　根据上级有关部门"五一"国际劳动节放假的通知精神，结合学院实际情况，我院 20××年"五一"国际劳动节放假时间为 5 月 1 日至 5 月 5 日，共计 5 天。

　　节假日期间，各部门要妥善安排好值班和安全、保卫等工作，遇有重大突发事件发生，要按规定及时报告并妥善处理，确保全校师生祥和平安度过节日。

　　特此通知。

20××年 4 月 20 日

图 1-61 WPS 文档"'五一'国际劳动节放假的通知.wps"的最终效果

【说明】：

通知的内容一般包括标题、称呼、正文和落款，其写作要求如下。

① 标题：写在第一行正中。可以只写"通知"两字，如果事情重要或紧急，也可以写"重要通知"或"紧急通知"，以引起注意。有的在"通知"前面写上发通知的单位名称，还有的写上通知的主要内容。

② 称呼：写被通知者的姓名或职称或单位名称，在第二行顶格写。有时，因通知事项简短，内容单一，书写时略去称呼，直起正文。

③ 正文：另起一行，空两格写正文。正文因内容而异。开会的通知要写清开会的时间、地点、参加会议的对象以及开什么会，还要写清要求。布置工作的通知，要写清所通知事件的目的、意义以及具体要求。

④ 落款：分两行写在正文右下方，一行署名，一行写日期。

写通知一般采用条款式行文，可以简明扼要，使被通知者能一目了然，便于遵照执行。

【任务实施】

1. 打开文档

打开 WPS 文档"关于暑假放假及秋季开学时间的通知.wps"。

2. 定义样式

在"开始"选项卡"样式"列表中选择"显示更多样式"命令，打开"样式和格式"窗格，如图 1-62 所示。

在该窗格中单击"新样式"按钮，打开"新建样式"对话框，如图 1-63 所示。

图 1-62　"样式和格式"窗格　　　　图 1-63　"新建样式"对话框

（1）在"新建样式"对话框的"名称"文本框中输入新样式的名称"通知标题"。

（2）在"样式类型"下拉列表框中选择"段落"。

（3）在"样式基于"下拉列表框中选择新样式的基准样式，这里选择"正文"。

（4）在"后续段落样式"下拉列表框中选择"通知标题"。

（5）在"格式"区域设置字符格式和段落格式，这里设置字体为"宋体"、字号为"小二号"、字形为"加粗"、对齐方式为"居中对齐"。

（6）在对话框中单击左下角"格式"按钮，在弹出的下拉菜单中选择"段落"命令，打开"段落"对话框，在该对话框中设置行距为最小值 28 磅，段前间距为 6 磅，段后间距为 1 行，大纲级别为 1 级。然后单击"确定"按钮返回"新建样式"对话框。

（7）在"新建样式"对话框中选择"同时保存到模板"复选框，将创建的样式添加到模板中。

（8）在"新建样式"对话框中单击"确定"按钮完成新样式定义并关闭该对话框，新创建的样式"通知标题"便显示在"样式"列表中。

应用类似方法创建"通知小标题""通知称呼""通知正文""通知署名""通知日期""文件头"等多个自定义样式。

3．修改样式

在"样式和格式"窗格"样式"列表框中选中待修改的样式名称，再单击选中样式右侧的箭头按钮 ，在弹出的快捷菜单中选择"修改"命令，如图 1-64 所示，打开"修改样式"对话框。

在"修改样式"对话框中可以对样式进行必要的修改，修改方法与新建样式类似。

图 1-64　在选中样式的快捷菜单中选择"修改"命令

4．应用样式

选中文档中需要应用样式的通知标题"关于 20××年暑假放假及秋季开学时间的通知"，然后在"样式和格式"窗格"样式"列表中选择所需要的样式"通知标题"。

应用类似方法依次选择通知称呼、通知正文、通知署名、通知日期和文件头分别应用对应的自定义样式即可。

5．在文件头位置插入水平线段

在"插入"选项卡中单击"形状"按钮，在弹出的下拉菜单中选择"直线"命令，然后在文件头位置绘制一条水平线条。选择该线条，在"绘图工具"选项卡"大小和位置"选项组中设置线条长度为 15 厘米，如图 1-65 所示。

选中刚插入的线条，在"绘图工具"选项卡线条样式列表中选择"更多设置"命令，如图 1-66 所示，打开"属性"窗格。

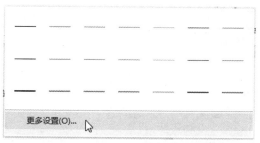

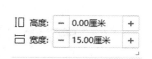

图 1-65　设置直线的宽度为 15 厘米

图 1-66　在"绘图工具"选项卡线条样式列表中选择"更多设置"命令

在"属性"窗格中，选择"实线"单选按钮，设置线条颜色为"红色"，设置线条宽度为"4.5 磅"，"复合类型"列表框中选择"由粗到细"选项，设置结果如图 1-67 所示。

图 1-67　在"属性"窗格中设置线条的相关属性

6. 在"通知"落款位置插入印章

将光标置于"通知"的落款位置，在"插入"选项卡中单击"图片"按钮，在弹出的"插入图片"对话框中选择"明德学院印章.png"图片，然后单击"打开"按钮，即可插入印章图片。选择该印章图片，在"绘图工具"选项卡"大小和位置"选项组中设置线条高度为 4.05厘米，宽度为 4 厘米。

7. 创建新模板

（1）在"文件"下拉菜单中依次选择"另存为"→"WPS文字 模板文件(*.wpt)"命令，打开"另存文件"对话框。在该对话框的"保存类型"下拉列表框中选择"WPS 文字 模板文件(*.wpt)"，"保存位置"设置为"模块 1"，在"文件名"下拉列表框中输入模板的名称"通知模板.wpt"，如图 1-68 所示。然后单击"保存"按钮，即创建了新的模板。

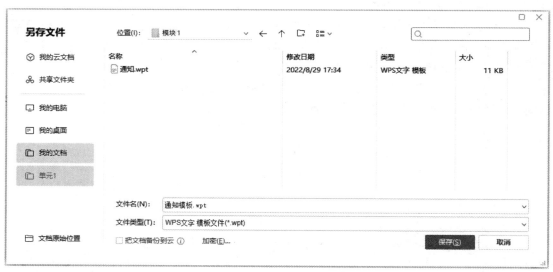

图 1-68　"另存文件"对话框

8. 基于自定义模板"通知模板.dotx"创建新的 WPS 文档

在 WPS 文字"文件"下拉菜单中依次选择"新建"→"本机上的模板"命令，在打开的"模板"对话框中单击"导入模板"按钮，打开"导入模板"对话框，在该对话框中定位到模板存放位置"模块 1"，在该文件夹中选择已有模板"通知模板.wpt"，如图 1-69所示。

图 1-69　"导入模板"对话框

　　然后在"导入模板"对话框中单击"打开"按钮，返回"模板"对话框，在"模板"列表中会显示刚才导入的模板"通知模板"，如图 1-70 所示。

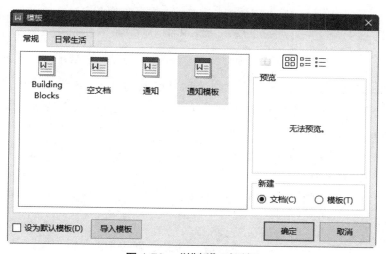

图 1-70　"模板"对话框

　　在"模板"列表中选择刚才导入的模板"通知模板"，单击"确定"按钮，即可创建基于自定义模板"通知模板.wpt"的 WPS 文档。

　　在快速访问工具栏中单击"保存"按钮，将该 WPS 文档保存到文件夹"模块 1"中，文件名为"关于'五一'国际劳动节放假的通知"，文件类型为"WPS 文字 文件(*.wps)"

　　9. 插入文档"关于'五一'国际劳动节放假的通知内容.wps"中的文本内容

　　在"插入"选项卡中单击"对象"按钮右侧的箭头按钮，在弹出的下拉菜单中选择

图 1-71　在"对象"按钮的下拉菜单中选择"文件中的文字"命令

"文件中的文字"命令，如图 1-71 所示。

在打开的"插入文件"对话框中选择 WPS 文件"关于'五一'国际劳动节放假的通知内容.wps"，如图 1-72 所示，然后单击"打开"按钮，将 WPS 文件"关于'五一'国际劳动节放假的通知内容.wps"中的文本内容插入到当前文档中。

图 1-72　"插入文件"对话框

10. 在文档"关于'五一'国际劳动节放假的通知.wps"中应用导入模板中的样式

选中 WPS 文件"关于'五一'国际劳动节放假的通知.wps"中的通知标题"关于20××年'五一'国际劳动节放假的通知"，然后在"样式和格式"窗格"样式"列表中选择所需要的样式"通知标题"。

应用类似方法依次选择通知称呼、通知正文、通知署名、通知日期和文件头并分别应用对应的自定义样式即可。

WPS 文档"'五一'国际劳动节放假的通知.wps"的最终设置效果如图 1-61 所示。

11. 保存文档

在快速访问工具栏中再一次单击"保存"按钮，对 WPS 文档"'五一'国际劳动节放假的通知.wps"进行保存操作即可。

【任务 1-3】制作班级课表

【任务描述】

创建并打开 WPS 文档"班级课表.wps"，在该文档中插入一个 9 列 6 行的班级课表，该表格的具体要求如下。

（1）设置表格第 1 行高度的最小值为 1.61 厘米，第 2 行至第 4 行高度的固定值分别为 1.5 厘米，第 5 行高度的固定值为 1 厘米，第 6 行高度的固定值为 1.2 厘米。

（2）设置表格第 1、2 两列总宽度为 2.52 厘米，第 3 列至第 8 列的宽度分别为 1.78 厘米，第 9 列的宽度为 1.65 厘米。

（3）将第 1 行的第 1、2 列的两个单元格合并，将第 1 列的第 2、3 行的两个单元格合并，将第 1 列的第 4、5 行的两个单元格合并。

（4）在表格左上角的单元格中绘制斜线表头。

（5）设置表格在主文档页面水平方向上居中对齐。

（6）表格外框线为自定义类型，线型为外粗内细，宽度为 3 磅，其他内边框线为 0.5 磅单细实线。

（7）为表格第 1 行的第 3 列至第 9 列的单元格添加底纹，图案样式设置为 10%，底纹颜色为“橙色（着色，浅色 40%）”。

（8）为表格第 1 列和第 2 列（不包括绘制斜线表头的单元格）添加底纹，图案样式设置为“浅色棚架”，底纹颜色设置为“矢车菊蓝（着色 5，浅色 60%）”。

（9）在表格中输入文本内容，文本内容的字体设置为“宋体”，字形设置为“加粗”，字号设置为“小五”，单元格水平和垂直对齐方式都设置为居中。

创建的班级课表最终效果如图 1-73 所示。

节次＼星期		星期一	星期二	星期三	星期四	星期五	星期六	星期日
上午	1-2							
	3-4							
下午	5-6							
	7-8							
晚上	9-10							

图 1-73　班级课表

【任务实施】

1. 创建与打开 WPS 文档

创建并打开 WPS 文档“班级课表.wps”。

2. 在 WPS 文档中插入表格

（1）将插入点定位到需要插入表格的位置。

（2）打开“插入表格”对话框。

（3）在“插入表格”对话框“表格尺寸”区域的“列数”数值框中输入 9，在“行数”

数值框中输入 6，对话框中的其他选项保持不变，然后单击"确定"按钮，在文档中插入点位置将会插入一个 6 行 9 列的表格。

3. 调整表格的行高和列宽

将插入点定位到表格的第 1 行第 1 列的单元格中，在"表格工具"选项卡"高度"数值框中输入"1.61 厘米"，在"宽度"数值框中输入"1.26 厘米"。

将插入点定位到表格第 1 行的单元格中，在"表格工具"选项卡中单击"表格属性"按钮，或者右击，在弹出的快捷菜单中选择"表格属性"命令，打开"表格属性"对话框，切换到"表格属性"对话框的"行"选项卡。"尺寸"栏内显示当前行（这里为第 1 行）的行高，先选中"指定高度"复选框，然后输入或调整高度数字为"1.61 厘米"，行高值类型选择"最小值"。

在"行"选项卡中单击"下一行"按钮，设置第 2 行的行高。先选中"指定高度"复选框，然后输入高度数字为"1.5 厘米"，行高值类型选择"固定值"。

以类似方法设置第 3 行至第 4 行高度的固定值为 1.5 厘米，第 5 行高度的固定值为 1 厘米，第 6 行高度的固定值为 1.2 厘米。

接下来设置第 1 列和第 2 列的列宽，首先选择表格的第 1、2 两列，然后打开"表格属性"对话框。切换到"表格属性"对话框"列"选项卡，先选中"指定宽度"复选框，然后输入或调整宽度数字为"1.26"（第 1～2 列的总宽度即为 2.52），度量单位选择"厘米"。

单击"后一列"按钮，设置第 3 列的列宽，先选中"指定宽度"复选框，然后输入宽度数字为"1.78 厘米"，度量单位选择"厘米"。

以类似方法设置第 4 列至第 8 列的宽度为 1.78 厘米，第 9 列的宽度为 1.65 厘米。

表格设置完成后，单击"确定"按钮，使设置生效并关闭"表格属性"对话框。

4. 合并与拆分单元格

选定第 1 行的第 1、2 列的两个单元格，然后右击，在弹出的快捷菜单中选择"合并单元格"命令，即可将两个单元格合并为一个单元格。

选定第 1 列的第 2、3 行的两个单元格，然后在"表格工具"选项卡中单击"合并单元格"按钮，即可将两个单元格合并为一个单元格。

在"表格样式"选项卡中单击"擦除"按钮，鼠标指针变为橡皮擦的形状，按下鼠标左键并拖动鼠标将第 1 列的第 4 行与第 5 行之间的横线擦除，即将两个单元格予以合并。然后再次单击"设计"选项卡中的"橡皮擦"按钮，取消擦除状态。

5. 绘制斜线表头

在"表格样式"选项卡中单击"绘制表格"按钮，然后在表格左上角的单元格中自左上角向右下角拖动鼠标绘制斜线表头。然后再次单击"绘制表格"按钮，返回文档编辑状态。

6. 设置表格的对齐方式和文字环绕方式

打开"表格属性"对话框，在"表格"选项卡的"对齐方式"组中选择"居中"，"文字环绕"组选择"无",然后单击"确定"按钮。

7. 设置表格外框线

（1）将光标置于表格中，在"表格样式"选项卡中单击"边框"按钮右侧的箭头按钮，在弹出的下拉菜单中选择"边框和底纹"命令，打开"边框和底纹"对话框，切换到"边框"选项卡。

（2）在"边框和底纹"对话框"边框"选项卡的"设置"区域中选择"自定义"，在"线型"区域选择适用于上边框和左边框的"外粗内细"边框类型，在"宽度"区域选择"3磅"。

（3）在"预览"区域两次单击"上框线"按钮，第1次单击取消上框线，第2次单击按自定义样式重新设置上框线。两次单击"左框线"按钮设置左框线。

（4）在"边框和底纹"对话框"边框"选项卡的"设置"区域选择"自定义"，在"线型"区域选择适用于下边框和右边框的"外粗内细"边框类型，在"宽度"区域选择"3磅"。

（5）在"预览"区域两次单击"下框线"按钮、"右框线"按钮分别设置对应的框线。

（6）设置的边框可以应用于表格、单元格以及文字和段落。在"应用于"列表框中选择"表格"。

对表格外框线进行设置后，"边框和底纹"对话框的"边框"选项卡如图1-74所示。

图 1-74 在"边框和底纹"对话框的"边框"选项卡对表格外框线进行设置

这里仅对表格外框线进行了设置，其他内边框保持0.5磅单细实线不变。

（5）边框线设置完成后单击"确定"按钮使设置生效并关闭该对话框。

8. 设置表格底纹

（1）在表格中选定需要设置底纹的区域，这里选择表格第1行的第3列至第9列的单元格。

（2）打开"边框和底纹"对话框，切换到"底纹"选项卡，在"图案"区域的"样式"列表框中选择"10%"，"颜色"列表框中选择"橙色（着色，浅色 40%）"，其效果可以在预览区域进行预览。

（3）底纹设置完成后，单击"确定"按钮使设置生效并关闭该对话框。

以类似方法为表格的第 1 列和第 2 列（不包括绘制斜线表头的单元格）添加底纹，图案样式设置为"浅色棚架"，底纹颜色设置为"矢车菊蓝（着色 5，浅色 60%）"。

9．在表格内输入与编辑文本内容

（1）在绘制了斜线表头单元格的右上角双击，当出现光标插入点后输入文字"星期"，然后在该单元格的左下角双击，在光标闪烁处输入文字"节次"。

（2）在其他单元格中输入图 1-73 所示的文本内容。

10．表格内容的格式设置

（1）设置表格内容的字体、字形和字号

选中表格内容，在"开始"选项卡的"字体"列表框中选择"宋体"，"字号"列表框中选择"小五"，"字形"选择"加粗"。

（2）设置单元格对齐方式

选中表格中所有的单元格，在"表格工具"选项卡中单击"对齐方式"按钮，在弹出的下拉列表中选择"水平居中"命令，即可将单元格的水平和垂直对齐方式都设置为居中。

11．保存文档

在快速访问工具栏中单击"保存"按钮，对 WPS 文档"班级课表.wps"予以保存操作。

【任务 1-4】计算商品销售表中的金额和总计

【任务描述】

创建并打开 WPS 文档"商品销售数据.wps"，商品销售表如表 1-2 所示，对该表格中的数据进行如下计算：

（1）计算各类商品的金额，且将计算结果填入对应的单元格中。

（2）计算所有商品的数量总计和金额总计，且将计算结果填入对应的单元格中。

表 1-2　商品销售表

	A	B	C	D
1	商品名称	价格	数量	金额
2	台式电脑	4860	2	
3	笔记本电脑	8620	5	
4	移动硬盘	780	8	
5	总计			

【任务实施】

1. 打开文档

创建打开 WPS 文档"商品销售表.wps"。

2. 应用算术公式计算各类商品的金额

将光标定位到"商品销售表"的 D2 单元格，在"表格工具"选项卡中单击"公式"按钮，在打开的"公式"对话框中清除原有公式，然后在"公式"文本框中输入新的计算公式，即"=B2*C2"，如图 1-75 所示，并在"数字格式"列表框中选择"0"，即取整数，最后单击"确定"按钮，计算结果显示在 D2 中，为 9720。

图 1-75　"公式"对话框

使用类似方法计算"笔记本电脑"的金额和"移动硬盘"的金额。

3. 应用算术公式计算所有商品的数量总计

将光标定位到"商品销售表"C5 中，打开"公式"对话框，在"公式"文本框中输入计算公式"=C2+C3+C4"，单击"确定"按钮，计算结果显示在 C5 中，为 15。

4. 应用函数公式计算所有商品的金额总计

将光标定位到"商品销售表"D5 中，打开"公式"对话框，在"公式"文本框中输入计算公式"=SUM(ABOVE)"，单击"确定"按钮，计算结果显示在 D5 中，为 59060。

商品销售表的计算结果如表 1-3 所示。

表 1-3　商品销售表的计算结果

商品名称	价格	数量	金额
台式电脑	4860	2	9720
笔记本电脑	8620	5	43100
移动硬盘	780	8	6240
总计		15	59060

5. 保存文档

在快速访问工具栏中单击"保存"按钮，对 WPS 文档"商品销售表.wps"予以保存操作。

【任务 1-5】编辑"九寨沟风景区景点介绍"实现图文混排效果

【任务描述】

打开 WPS 文档"九寨沟风景区景点介绍.wps"，在该文档中完成以下操作：

（1）将标题"九寨沟风景区景点介绍"设置为艺术字效果，设置艺术字的字体为"微软雅黑"，字号为"二号"。

（2）将正文中小标题文字"树正群海"、"芦苇海"、"五花海设置"为项目列表，并将项目列表符号设置为符号☑。

（3）在正文小标题文字"树正群海"下面的左侧位置插入图片"01.jpg"，将该图片的宽度设置为 4 厘米，高度设置为 6.01 厘米，环绕方式设置为"四周型"。

（4）在正文小标题文字"芦苇海"的右侧位置插入图片"02.jpg"，将该图片的宽度设置为 3.5 厘米，高度设置为 5.26 厘米，环绕方式设置为"紧密型"，将该图片放置在靠右侧位置。

（5）在正文小标题文字"五花海"的左侧位置插入图片"03.jpg"，将该图片的宽度设置为 4 厘米，高度设置为 6.02 厘米，环绕方式设置为"紧密型"。

"九寨沟风景区景点介绍"的图文混排效果如图 1-76 所示。

九寨沟风景区景点介绍

九寨沟以翠海、叠瀑、彩林、雪山、藏情、蓝冰"六绝"驰名中外，有"黄山归来不看山，九寨归来不看水"和"世界水景之王"之称。春看冰雪消融、山花烂漫；夏看古柏苍翠、碧水蓝天；秋看满山斑斓、层林尽染；冬看冰雪世界、圣洁天堂。

九寨沟的主要景点有树正群海、芦苇海、五花海、熊猫海、老虎海、宝镜岩、盆景滩、五彩池、珍珠滩、镜海、犀牛海、诺日朗瀑布和长海等。

☑ 树正群海

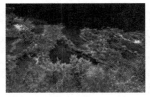
树正群海沟全长 13.8 公里，共有各种湖泊（海子）40 余个，约占九寨沟景区全部湖泊的40%。上部海子的水翻越湖堤，从树丛中溢出，激起白色的水花，在青翠中跳跳蹦蹦，穿桥奔窜。水流顺堤跌宕，形成幅幅水帘，婀娜多姿，婉约变幻。整个群海，层次分明，那绿中套蓝的色彩，童话般地天真自然。

☑ 芦苇海

芦苇海海拔 2140 米，全长 2.2 公里，是一个半沼泽湖泊。海中芦苇丛生、水鸟飞翔、清溪碧流、漾绿摇翠、蜿蜒空行，好一派泽国风光。"芦苇海"中，荡荡芦苇，一片青葱，微风徐来，绿浪起伏。飒飒之声，委婉抒情，使人心旷神怡。

☑ 五花海

在九寨沟众多海子中，名气最大、景色最为漂亮的当数五花海。五花海变化丰富，姿态万千，堪称九寨沟景区的精华。从老虎嘴观赏点向下望去，五花海犹如一只开屏孔雀，色彩斑斓，眼花缭乱，美不胜收，这里是真正的童话世界，传说中的色彩天堂！

图 1-76　"九寨沟风景区景点介绍"的图文混排效果

【任务实施】

1. 打开文档

创建并打开 WPS 文档"九寨沟风景区景点介绍.wps"。

2. 插入艺术字

（1）选择 WPS 文档中的标题"九寨沟风景区景点介绍"。

（2）在"插入"选项卡中单击"艺术字"按钮，打开"艺术字"样式列表。

（3）在预设样式列表中选择样式"填充-钢蓝，着色 1，阴影"，在文档中插入一个"艺术字"框，并将所选文字设置为艺术字效果。

3. 插入图片

（1）插入图片"01.jpg"

将插入点置于正文小标题文字"树正群海"右侧位置，然后插入图片"01.jpg"。

（2）插入图片"02.jpg"

将插入点置于正文小标题文字"芦苇海"上一段落的尾部位置，然后插入图片"02.jpg"。

（3）插入图片"03.jpg"

将插入点置于正文小标题文字"五花海"左侧位置，然后插入图片"03.jpg"。

4. 设置图片格式

（1）在文档中选择图片"01.jpg"，然后在"图片工具"选项卡的"高度"数值框中输入"4 厘米"，"宽度"数值框中输入"6.01 厘米"，即设置图片高度为 4 厘米，宽度为 6.01 厘米。

（2）在文档中选择图片"01.jpg"，然后在"图片工具"选项卡中单击"文字环绕"按钮，在其下拉菜单中选择"四周型环绕"命令。

（3）在文档中选择图片"02.jpg"，然后在"图片工具"选项卡的"高度"数值框中输入"3.5 厘米"，"宽度"数值框中输入"5.26 厘米"，即设置图片高度为 3.5 厘米，高度设置为 5.26 厘米

（4）在文档中选择图片"02.jpg"，然后在"图片工具"选项卡中单击"文字环绕"按钮，在其下拉菜单中选择"紧密型环绕"命令。

（5）以类似方法设置图片"03.jpg"的高度为 4 厘米，宽度为 6.02 厘米，环绕方式为"紧密型环绕"。

5. 设置项目列表和项目符号

（1）定义新项目符号

选中正文中的小标题文字"树正群海"，在"开始"选项卡中单击"插入项目符号"按钮右侧的箭头按钮 ▾，在弹出的"项目符号"下拉列表中选择"自定义项目符号"命令，打开"项目符号和编号"对话框，在该对话框的"项目符号"列表中任选一种已有的项目符号，如图 1-77 所示。

然后单击"自定义"项目，打开"自定义项目符号列表"对话框，在该对话框中单击"字符"按钮，在弹出的"符号"对话框中选择所需的符号☑作为项目符号，如图 1-78 所示。

然后单击"插入"按钮关闭该对话框，并返回"自定义项目符号列表"对话框，新的项目符号☑已被添加为项目符号字符，如图 1-79 所示。

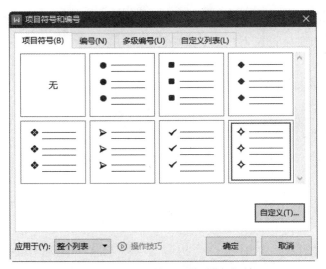

图 1-77　"项目符号和编号"对话框

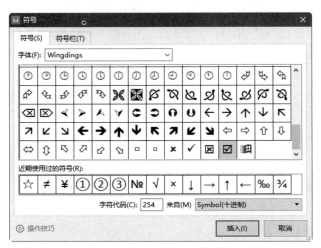

图 1-78　"符号"对话框

图 1-79　"自定义项目符号列表"对话框

在"自定义项目符号列表"对话框中单击"确定"按钮关闭该对话框，在正文中的小标题文字"树正群海"左侧插入了项目符号☑，即小标题文字"树正群海"被设置为项目列表。

（2）设置项目列表

选中正文中的小标题文字"芦苇海"，在"开始"选项卡中单击"插入项目符号"按钮右侧的箭头按钮 ▾，在弹出的"项目符号"下拉列表中选择"自定义项目符号"命令，打开"项目符号和编号"对话框，切换到"自定义列表"选项卡，在"自定义列表"中选择刚插入的自定义项目符号☑，如图 1-80 所示。

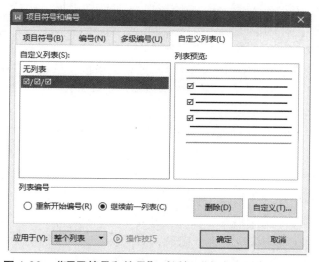

图 1-80　"项目符号和编号"对话框"自定义列表"选项卡

然后单击"确定"按钮，在正文中的小标题文字"芦苇海"左侧插入了项目符号☑，即小标题文字"芦苇海"被设置为项目列表。

按照类似方法，将正文中小标题文字"五花海"也设置为项目列表形式，项目符号也选择☑。

适度调整文档中图片的位置，"九寨沟风景区景点介绍"的图文混排效果如图 1-76 所示。

6. 保存文档

在快速访问工具栏中单击"保存"按钮，对 WPS 文档"九寨沟风景区景点介绍.wps"予以保存操作。

【任务 1-6】在 WPS 文档中插入一元二次方程的求根公式

【任务描述】

利用 WPS 提供的"公式编辑器"在 WPS 文档中插入如图 1-81 所示的一元二次方程求根公式。

$$x_{1,2} = \frac{-b \pm \sqrt{b^2 - 4ac}}{2a}$$

图 1-81　一元二次方程求根公式

【任务实施】

（1）创建并打开WPS文档"插入一元二次方程的求根公式"，然后将插入点移至WPS文档中需要插入数学公式的位置。

（2）在"插入"选项卡中单击"公式"按钮下侧的箭头按钮，在弹出的快捷菜单中选择"公式编辑器"命令，打开"公式编辑器"。

（3）在"公式编辑器"中输入一元二次方程的求根公式。

① 在"公式编辑器"工具栏中单击"下标和上标模板"按钮，在弹出的下拉列表中选择"下标"按钮□，在"公式编辑器"中出现"下标"编辑框，在两个编辑框中分别输入"x"和下标"1,2"。

② 按光标移动键[→]，使光标由下标恢复为正常光标，再输入"="。

③ 在"公式编辑器"选项卡中单击"分式和根式模板"按钮，在弹出的下拉列表中单击"竖式分数"按钮□，在"公式编辑器"中出现"分式"编辑框。

④ 在"分式"编辑框的分子编辑框中输入"-b"。

⑤ 在"公式编辑器"选项卡中单击"运算符号"按钮，在弹出的下拉列表中单击±按钮，在编辑框中输入"±"运算符。

⑥ 在"公式编辑器"选项卡中单击"分式和根式模板"按钮，在弹出的下拉列表中单击"平方根"按钮√□，出现"根式"编辑框。

⑦ 在"公式编辑器"选项卡中单击"下标和上标模板"按钮，在弹出的下拉列表中选择"上标"按钮□，在两个编辑框中分别输入"b"和上标"2"。

⑧ 按光标移动键[→]，使光标由上标恢复为正常光标，再输入"－4ac"。

⑨ 单击"分母"编辑框，然后输入"2a"。

"公式编辑器"中输入的一元二次方程的求根公式如图1-82所示。

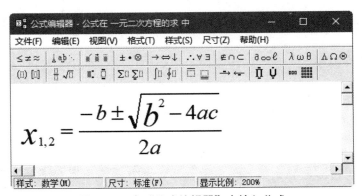

图1-82 在"公式编辑器"中输入公式

⑩ 关闭"公式编辑器"，完成一元二次方程的求根公式的输入，公式的最终效果如图1-81所示。

【任务 1-7】"教师节贺信"文档页面设置与打印

【任务描述】

打开 WPS 文档"教师节贺信.wps"，按照以下要求完成相应的操作：

（1）设置上、下边距为 3 厘米，左、右边距为 3.5 厘米，方向为"纵向"。纸张大小设置为 A4。

（2）设置页眉距边界距离为 2 厘米，页脚距边界距离为 2.75 厘米，设置页眉和页脚"奇偶页不同"和"首页不同"。

（3）设置"网格"类型为"指定行和字符网格"，每行为 39 字符，每页为 43 行。

（4）首页不显示页眉，偶数页和奇数页的页眉都设置为"教师节贺信"。

（5）在页脚中插入页码，页码居中对齐，起始页码为 1。

（6）如果已连接打印机，打印一份文稿。

【任务实施】

1. 打开文档

打开 WPS 文档"教师节贺信.wps"。

2. 设置页边距

（1）打开"页面设置"对话框，切换到"页边距"选项卡。

（2）在"页面设置"对话框"页边距"选项卡中的"上"、"下"两个数值框中输入"3 厘米"，在"左"、"右"两个数值框中利用微调按钮 ⬆⬇ 调整边距值为"3.5 厘米"。

（3）在"纸张方向"区域中选择"纵向"。

（4）在"应用于"列表框中选择"整篇文档"。

3. 设置纸张

在"页面设置"对话框中切换到"纸张"选项卡，设置纸张大小为 A4。

4. 设置布局

在"页面设置"对话框中切换到"版式"选项卡，"节的起始位置"选择"新建页"，"页眉和页脚"组选中"奇偶页不同"和"首页不同"复选框。"距边界"区域的"页眉"数值框中输入"2 厘米"，"页脚"数值框中输入"2.75 厘米"。

5. 设置文档网格

在"页面设置"对话框中切换到"文档网格"选项卡，"文字排列"的方向选择"水平"单选按钮，"网格类型"选择"指定行和字符网络"，"每行字符数"设置为"39"，"每页行数"设置为"43"。

6. 插入页眉

在"插入"选项卡中单击"页眉页脚"按钮，进入页眉的编辑状态，在页眉区域输入页眉内容"教师节贺信"，然后对页眉的格式进行设置即可。

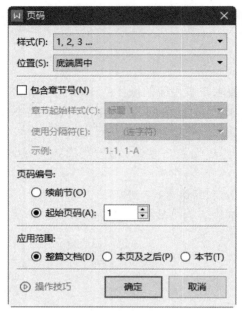

图 1-83　"页码"对话框

7. 在页脚中插入页码

在"插入"选项卡中单击"页码"按钮右下角的箭头按钮，在弹出的下拉列表中选择"页脚中间"选项。然后在"页码"按钮的下拉列表中选择"页码"命令，打开"页码"对话框，在"样式"下拉列表中选择阿拉伯数字"1,2,3，…"，在"页码编号"栏中选择"起始页码"单选页码，然后指定起始页码为"1"，如图 1-83 所示。

单击"确定"按钮关闭该对话框，完成页码格式设置。

8. 保存文档

在快速访问工具栏中单击"保存"按钮，对 WPS 文档"教师节贺信.wps"进行保存操作。

9. 打印文档

WPS 文档的页面设置完成后，在快速访问工具栏中单击"打印"按钮，打开"打印"对话框，在该对话框中对打印份数、打印机、打印范围、打印方式等方面进行设置，然后单击"确定"按钮开始打印文档。

【任务 1-8】利用邮件合并功能制作毕业证书

【任务描述】

打开 WPS 文档"毕业证书.wps"，按照以下要求完成相应的操作。

（1）将纸张方向设置为"横向"，纸张大小设置为"16 开（18.4 厘米×26 厘米）"，"上、下"和"左、右"边距都设置为 2 厘米。

（2）将文档页面平分为 2 栏，宽度都为 28 字符，两栏之间的间距为 3.4 字符。

（3）输入所需的文本内容，并设置其格式。

（4）将证书编号、姓名、性别、专业名称、学制、学习起止日期对应内容的字体设置为"楷体"，字号设置为"三号"，字形都设置为"加粗"。

（5）将校（院）长姓名的字体设置为"华文行楷"，字号设置为"小二"，字形设置为"加粗"。

（6）页脚位置的左端插入文字"中华人民共和国教育部学历证书查询网址：http://www.chsi.com.cn"，右端插入文字"明德学院监制"，中间按【Tab】键进行分隔。

（7）在页面左栏中部插入只有 1 个单元格的表格（即 1 行 1 列表格），该表格的高度设置为"5.5 厘米"，宽度设置为"3.7 厘米"；文字环绕设置为"无"，水平对齐方式设置为"居中"，垂直对齐方式设置为"居中"。在表格的单元格内插入证件照片，证件照片的尺寸设置为 3.5×5.3（cm），即宽度为 3.5 厘米，高度为 5.3 厘米。

（8）在"校名"位置插入校名的艺术字"明德学院"，设置艺术字的字体为"华文行楷"，字号为"小初"，字形为"加粗"。

（9）在校名"明德学院"位置插入印章图片，该印章的环绕方式设置为"浮动文字上方"，大小缩放的高度和宽度都设置为"30%"。

（10）以 WPS 文档"毕业证书.wps"为主文档，以同一文件夹中的 Excel 文档"毕业生名单.et"作为数据源，在本文档的证书编号、姓名、性别、出生年、出生月、出生日、学习开始年份、开始月份、学习结束年份、结束月份、专业名称、学制对应位置插入 12 个域，实现邮件合并功能。要求在毕业证书中显示的年、月、日、学制均为汉字数字。

（11）插入证件照片域和合并域。

（12）预览毕业证书的外观效果，最终外观效果示例如图 1-84 所示。

普通高等学校

毕 业 证 书

学生 安静，性别 女，二〇〇五年一月 二四 日生。于 二〇二二 年 九 月至 二〇二五 年 六 月在本校 软件技术专业 三 年制专科学习，修完教学计划规定的全部课程，成绩合格，准予毕业。

校　　　名：

校（院）长：

二〇××年六月一八日

证书编号：**123021202206000057**

中华人民共和国教育部学历证书查询网址：http://www.chsi.com.cn

明德学院监制

图 1-84　毕业证书的外观效果

【任务实现】

打开 WPS 文档"毕业证书.wps"，完成以下操作。

1. 页面设置

（1）设置纸张方向和页边距

在"页面布局"选项卡中单击"页面设置"按钮，打开"页面设置"对话框，切换到"页边距"选项卡，在纸张"方向"区域中选择"横向"。在"页边距"区域中设置"上、下、左、右"边距均为 2 厘米。

（2）设置纸张大小

在"页面设置"对话框中切换到"纸张"选项卡，设置"纸张大小"为"16 开"，即宽度为 26 厘米，高度为 18.4 厘米。

2. 分栏设置

将光标置于待分栏的页面，在"页面布局"选项卡中单击"分栏"按钮，在弹出的下拉菜单中选择"更多分栏"命令，如图 1-85 所示。打开"分栏"对话框，在"栏数"数字框中输入"2"，选中"栏宽相等"复选框，在"宽度"数字框中输入"28 字符"，在"间距"数字框中输入"3.4 字符"，如图 1-86 所示。

图 1-85 "分栏"下拉菜单

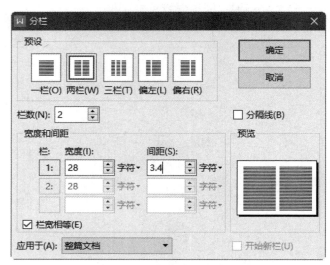

图 1-86 "分栏"对话框

3. 输入所需的文本内容，并设置其格式

输入图 1-84 所示的文本内容，将文字"普通高等学校"的格式设置为"楷体、小一、加粗"，对齐方式设置为"居中"。将文字"毕业证书"的格式设置为"隶书、初号"，对齐方式设置为"居中"。将其他文字设置为"楷体，三号"，将落款日期"二〇××年六月一八日"设置为"右对齐"。格式设置效果如图 1-87 所示。

4. 字形设置

选中毕业证书中的证书编号、姓名、性别、学习起止年月、专业名称、学制对应位置的空格，在"开始"选项卡中单击"加粗"按钮，将所选内容的字形都设置为"加粗"。

5. 页脚设置

在毕业证书页脚位置双击，进入"页眉和页脚"的编辑状态，在页脚位置的左端输入文字"中华人民共和国教育部学历证书查询网址：http://www.chsi.com.cn"，中间按【Tab】键进行分隔，在右端输入文字"明德学院监制"，毕业证书页脚的外观效果如图 1-88 所示。

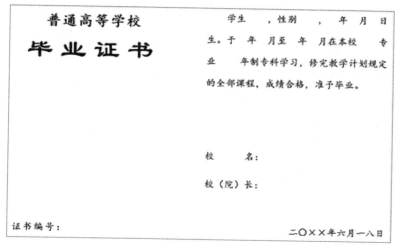

图 1-87　毕业证书的初始文本内容

图 1-88　毕业证书页脚的外观效果

在"页眉页脚"选项卡中单击"关闭"按钮，退出"页眉页脚"的编辑状态。

6. 插入与设置 1 行 1 列的表格

在毕业证书页面左栏中部插入 1 张 1 行 1 列的表格。选中该表格后，右击，在弹出的下拉菜单中选择"表格属性"命令，在弹出的"表格属性"对话框中对齐方式选择"居中"，文字环绕选择"无"。

切换到"行"选项卡，设置表格高度为"5.5 厘米"；切换到"单元格"选项卡，设置表格宽度为"3.7 厘米"，垂直对齐方式选择"居中"。

选中该表格，在"表格样式"选项卡中单击"边框"按钮，在弹出的下拉菜单中选择"无框线"选项。

7. 插入与设置艺术字

将光标置于毕业证书文档页面右栏文字"校名："右侧的空白处，在"插入"选项卡中单击"艺术字"按钮，在弹出的艺术字样式列表中选择一种合适的样式。在文档中插入艺术字编辑框，输入文字"明德学院"。然后选择输入的文字，设置艺术字的字体为"华文行楷"，字号为"小初"，字形为"加粗"。

8. 插入与设置印章

将光标置于校名艺术字位置，在"插入"选项卡中单击"图片"按钮，在弹出的"插入图片"对话框中选择图片文件"明德学院印章.png"，然后单击"打开"按钮，插入印章图片。

选择印章图片，打开"布局"对话框，在该对话框中设置印章的环绕方式为"浮动文字上方"，大小缩放的高度和宽度都设置为"30%"。

校名和印章的外观效果如图 1-89 所示。

图 1-89 校名和印章的外观效果

9. 准备证件照片与毕业生数据源

在主文档"毕业证书.wps"所在文件中存放毕业照片文件和 Excel 数据源文件"毕业生名单.et"，并且数据源中的照片名称必须与该文件夹中实际照片文件名完全一致，否则不能正确引用和显示照片。

由于要求在毕业证书中显示的年、月、日、学制均为汉字数字，在 WPS 表格的工作表中使用函数 NUMBERSTRING()即可实现。

从身份证号中获取出生年、月、日，并使用函数 NUMBERSTRING()将其转换为汉字数字，分别使用公式"=NUMBERSTRING(MID(E2,7,4),3)"、"=NUMBERSTRING(MID(E2,11,2),3)"和"=NUMBERSTRING(MID(E2,13,2),3)"实现。

开始年份和结束年份分别使用公式"=NUMBERSTRING(2022,9)"和"=NUMBERSTRING (2025,6)"将阿拉伯数字转换为汉字数字。开始月份、结束月份、学制则可以直接输入汉字数字即可。

10. 建立主文档与数据源的链接

在"引用"选项卡中单击"邮件"按钮，显示"邮件合并"选项卡。

在"邮件合并"选项卡中单击"打开数据源"按钮，弹出"选取数据源"对话框，选择文件"毕业生名单.et"，并单击"打开"按钮，打开该数据源文件。

11. 编辑邮件合并收件人

如果数据源中的数据较多或者有空记录，在合并记录之前必须对收件人列表进行编辑。

在"邮件合并"选项卡中单击"收件人"按钮，在弹出的"邮件合并收件人"对话框中单击"全选"按钮，如图 1-90 所示，然后单击"确定"按钮添加邮件合并的收件人。

序号	学号	姓名	性别	身份证号	出生日期
☑ 1	20226102030…	路远	女	430223200412213225	2004/12/21
☑ 2	20226102030…	肖智超	男	431321200406136511	2004/06/13
☑ 3	20226102030…	方静菲	女	430527200405038125	2004/05/03
☑ 4	20226102030…	安静	女	15010220050124012X	2005/01/24
☑ 5	20226102030…	夏智玲	女	350403200303270023	2003/03/27
☑ 6	20226102030…	阳光	女	210181200304090026	2003/04/09
☑ 7	20226102030…	吴雅倩	女	362204200405226148	2004/05/22
☑ 8	20226102030…	纪念	女	360602200301021529	2003/01/02

邮件合并收件人

请使用复选框或按钮添加或删除邮件合并的收件人。

收件人列表(L):

全选(S)　全部清除(A)　刷新(R)　　　确定

图 1-90 "邮件合并收件人"对话框

12. 插入文字合并域

将插入点移至"毕业证书"主文档中需要输入合并域的位置，这里将光标置于主文档中"证书编号"的右侧的两个空格字符之间的位置，然后在"邮件合并"选项卡中单击"插入合并域"按钮，在弹出的"插入域"对话框的"域"列表框中选择需要插入的域，这里先选择"证书编号"域，单击"插入"按钮，如图 1-91 所示。

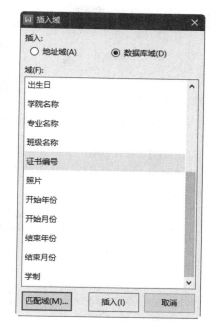

接着，单击"关闭"按钮关闭"插入域"对话框，返回主文档中。

接下来，重复操作以下步骤，在毕业证书对应的位置分别插入对应的合并域：姓名、性别、出生年、出生月、出生日、学习开始年份、开始月份、学习结束年份、结束月份、专业名称、学制。

图 1-91　"插入域"对话框

（1）将插入点移至"毕业证书"主文档中需要输入合并域的位置。

（2）在"邮件合并"选项卡中单击"插入合并域"按钮，在弹出的"插入域"对话框的"域"列表框中选择需要对应的域。

（3）单击"插入"按钮。

（4）单击"关闭"按钮关闭"插入域"对话框，返回主文档中。

"毕业证书"主文档中插入所需的合并域后的结果如图 1-92 所示。

普通高等学校

毕 业 证 书

学生《姓名》，性别《性别》，《出生年》年《出生月》月《出生日》日生。于《开始年份》年《开始月份》月至《结束年份》年《结束月份》月在本校《专业名称》专业《学制》年制专科学习，修完教学计划规定的全部课程，成绩合格，准予毕业。

校　　名：明德学院

证书编号：《证书编号》
中华人民共和国教育部学历证书查询网址：http://www.chsi.com.cn

校（院）长：

明德学院监制

图 1-92　"毕业证书"主文档中插入所需合并域后的结果

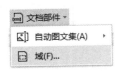

图 1-93　在"文档部件"按钮的
下拉菜单中选择"域"命令

13. 插入照片域

在"毕业证书"主控文档中将光标置于表格单元格中，在"插入"选项卡中单击"文档部件"按钮，在弹出的下拉菜单中选择"域"命令，如图 1-93 所示，打开"域"对话框。在"域名"列表框中选择"插入图片"选项，在"域代码"文本框中输入照片所在路径，例如，

"INCLUDEPICTURE "D:\\信息技术案例\\01WPS 文字\\03 综合实战\\任务 1-8\\401.jpg""，默认"更新时保留原格式"复选框被选中，如图 1-94 所示。然后单击"确定"按钮，关闭"域"对话框。

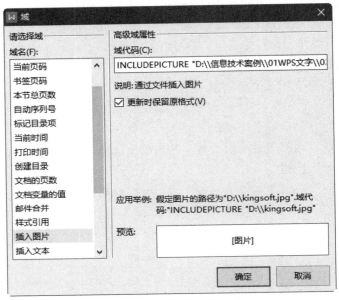

图 1-94　"域"对话框

此时在文档中只能显示第 1 位学生同一张固定的照片，按快捷键【Alt】+【F9】显示域代码。在原有的照片路径中将固定照片文件名"401.jpg"删除，将光标置于路径中最后一个双斜杠"\\"的右侧位置，然后切换到"邮件合并"选项卡，单击"插入合并域"按钮，在弹出的域下拉列表中选择"照片"选项即可。在主控文档中可以看到照片域代码。

对应的照片域代码如下：{ INCLUDEPICTURE "D:\\信息技术案例\\01WPS 文字\\\03 综合实战\\任务 1-8\\{ MERGEFIELD "照片" }" * MERGEFORMA }。

在主控文档中单击域代码，再一次按快捷键【Alt】+【F9】切换到浏览照片的界面，此时就可以看到数据源中第 1 位学生的照片了。如果照片尺寸发生了改变，将照片的宽度调整为 3.5 厘米，高度调整为 5.3 厘米。

14. 合并记录到新文档

可以将记录合并到新文档，或合并到打印机（即送打印机打印），或合并到电子邮件，这里将记录合并到新文档保存备用。

在"邮件合并"选项卡中单击"合并到新文档"按钮，在打开的"合并到新文档"对话框中选择"全部"，单击"确定"按钮。

生成"文字文稿 1"文档，将该文档保存到与主控文档同一个文件夹中，将文件命名为"毕业证书新文档.docx"。浏览该文档可以发现文档中包含多张毕业证书内容，但该文档中的照片都是数据源中第 1 位学生的照片，而其他信息都对应填入了各位学生的相关信息。

在该文档中单击一张照片，然后按快捷键【Alt】+【F9】切换为代码模式，接着按快捷键【Ctrl】+【A】选中合并记录文档的全部内容，同样也选中了文档中的全部照片域，然后再次按快捷键【Alt】+【F9】切换为照片查看模式，接着按【F9】键更新域，就可以看到不同的照片了。

先暂时关闭该新文档，然后重新打开该文档，即可显示所有记录的照片及毕业证书的其他信息。按快捷键【Alt】+【F9】显示合并记录文档中的全部照片域代码，从显示的照片域代码可知，"照片"要使用绝对路径的文件名。将该文件复制到其他文件夹时，会自动更新为当前的完全路径。

【注意】：插入照片的区域不要选择插入文本框内，按【F9】键不能对全选的文本框里的内容刷新，所以这里在 1 行 1 列表格中插入照片。

15. 预览毕业证书的外观效果

在"邮件合并"选项卡中单击"查看合并数据"按钮，就可看到邮件合并的结果。在"邮件合并"选项卡中分别单击"首记录"、"上一条"、"下一条"、"尾记录"按钮，可以在主文档中浏览数据源文件"毕业生名单.et"的第 1 条记录、前 1 条记录、后 1 条记录、最后 1 条记录对应的毕业证书内容。

在"文件"按钮的下拉菜单中依次单击"打印"→"打印预览"按钮，即可预览毕业证书的外观效果。

【说明】：WPS 实现自动更新域的方法

通常情况下 WPS 文档中的域是不会自动更新的，如果我们想保持数据的正确性，就必须进行更新才行。首先切换到代码模式，然后选用以下方法之一在 WPS 中实现自动更新域。

【方法 1】：右击域代码，从弹出的快捷菜单中选择【更新域】命令即可。

【方法 2】：在选中域代码块的情况下，按【F9】键即可实现更新域操作。

【方法 3】：如果想更新文档中所有域代码，只需要全选文档，然后按【F9】键即可。

【课后习题】

1. 选择题

（1）正确进入 WPS 的方法是（　　　）。

A. 利用 Windows 10 的"开始"菜单启动

B. 利用 Windows 10 的桌面快捷图标启动

C. 利用最近打开过的文档启动

D. 以上方法都行

（2）正确退出 WPS 的键盘操作应按（　　　）组合键。

A. 【Shift】+【F4】　　　　　　　B. 【Alt】+【F4】

C. 【Ctrl】+【F4】　　　　　　　 D. 【Ctrl】+【Esc】

（3）在 WPS 中查找、替换和（　　　）三项功能被合并到一个对话框中。

A. 全选　　　　　　B. 定位　　　　　　C. 复制　　　　　　D. 粘贴

（4）文档模板的扩展名是（　　　）。

A. WPS　　　　　　B. wpt　　　　　　C. txt　　　　　　D. et

（5）在 WPS 中，当前正在编辑的文档的文档名显示在（　　　）。

A. 功能区选项卡　　　　　　　　　B. 快速访问工具栏

C. 标题栏　　　　　　　　　　　　D. 状态栏

（6）在 WPS 主窗口的右上角，可以同时显示的按钮是（　　　）。

A. 最小化、还原和最大化　　　　　B. 还原、最大化和关闭

C. 最小化、还原和关闭　　　　　　D. 还原和最大化

（7）在 WPS 中，要删除插入点之后的一个字符时可以按（　　　）键。

A. 【Ctrl】+【BackSpace】　　　　B. 【Ctrl】+【Del】

C. 【BackSpace】　　　　　　　　 D. 【Delete】

（8）在 WPS 中的一个文档共有 100 页，请选择最快的方式定位于第 72 页（　　　）。

A. 用垂直滚动条快速移动文档定位于第 72 页

B. 用"定位"对话框定位于第 72 页

C. 用向下或向上箭头定位于第 72 页

D. 用【PageDown】键或【PageUp】键定位于第 72 页

（9）在 WPS 的编辑状态，执行"剪切"命令选项后（　　　）。

A. 被选择的内容被复制到插入点处

B. 被选择的内容被移动到剪贴板

C. 插入点所在的段落内容被复制到剪贴板

D. 被选择的内容被复制到剪贴板

（10）在 WPS 中，"替换"对话框设定了搜索范围为向下搜索，若单击"全部替换"按钮，则（　　　）。

A. 从插入点开始向上查找并替换匹配的内容

B. 从插入点开始向下查找并替换当前找到的内容

C. 从插入点开始向下查找并全部替换匹配的内容

D. 对整篇文档查找并替换匹配的内容

（11）在 WPS 中，关于页眉和页脚的设置，下列叙述中错误的是（　　　）。

A. 允许为文档的第一页设置不同的页眉和页脚

B. 允许为文档的每个节设置不同的页眉和页脚

C. 允许为偶数页和奇数页设置不同的页眉和页脚

D. 不允许页眉和页脚的内容超出页边距范围

（12）在 WPS 中，将剪贴板中的内容粘贴到某一位置的组合键是（　　）。

A.【Ctrl】+【X】　　　　　　　　　　B.【Ctrl】+【C】

C.【Ctrl】+【V】　　　　　　　　　　D.【Ctrl】+【A】

（13）在 WPS 中，文档的视图模式会影响字符在屏幕上的显示方式，为了保证字符格式的显示与打印完全相同，应设定（　　）。

A. 大纲视图　　　　B. 阅读版式　　　　C. 页面视图　　　　D. Web 版式视图

（14）在 WPS 中，每个段落（　　）。

A. 以句号结束　　　　　　　　　　B. 由 WPS 自动设定结束

C. 以空格结束　　　　　　　　　　D. 以【Enter】结束

（15）在 WPS 中，使用标尺可以直接设置缩进，标尺的顶部三角形标记代表（　　）。

A. 左缩进　　　　B. 右缩进　　　　C. 首行缩进　　　　D. 悬挂式缩进

（16）在 WPS 中，按【PgDn】键，则屏幕显示向右移动（　　）。

A. 一行　　　　B. 一页　　　　C. 一节　　　　D. 一屏

（17）在 WPS 中，字符是作为文本输入的字母、汉字等，下列不能作为字符输入的是（　　）。

A. 数字　　　　B. 标点符号　　　　C. 特殊符号　　　　D. 图片

（18）在 WPS 中，"边框和底纹"对话框共有 3 个选项卡，分别是边框、底纹和（　　）。

A. 页面底纹　　　　B. 页面边框　　　　C. 表格底纹　　　　D. 表格边框

（19）在 WPS 中，以下有关"拆分表格"命令的描述中，正确的是（　　）。

A. 只能将表格拆分成上下两个表格　　　B. 既可以按行拆分也可以按列拆分

C. 只能把表格按列拆分　　　　　　　　D. 只能把表格按行拆分

（20）在 WPS 中有一表格，求第一列至第四列数据之和，则应选择（　　）。

A. SUM(A1:A4)　　　　　　　　　　B. SUM(A1:D1)

C. SUM(A1,A4)　　　　　　　　　　D. SUM(1,D1)

（21）如果要对多个图形对象同时改变大小，可以使用（　　）命令，将它们作为一个对象处理。

A. 叠放次序　　　　B. 微移　　　　C. 旋转　　　　D. 组合

（22）在 WPS 中，下列关于文本框的叙述中，（　　）是错误的。

A. 利用文本框可以使文档中部分文字竖排

B. 文本框中既能放文字，也能放图片

C. 通过文本框，可以用处理图片的方法处理文字

D. 文本框中文字的大小会随文本大小的变化而变化

（23）在文档编辑过程中，如果出现了误操作，最佳的补救方法是（　　）。

A. 单击快速访问工具栏中的"撤销"按钮

B. 按键盘的【Delete】键

C. 放弃存盘并关闭文档，然后再打开文档

D. 单击快速访问工具栏中的"恢复"按钮

（24）关于 WPS 中的文本框，下列说法中不正确的是（　　）。

A. 文本框可以做出阴影效果

B. 文本框可以做出三维效果

C. 文本框只能存放文本，不能放置图片

D. 文本框可以设置底纹

（25）在 WPS 的"字体"对话框中，不可以设定文字的（　　）

A. 字符间距　　　　B. 字号　　　　C. 删除线　　　　D. 行距

（26）下列关于 WPS 中的样式的描述中正确的是（　　）

A. 样式就是字体、段落等格式的组合

B. 用户不可以自定义样式

C. 用户可以删除系统定义的样式

D. 已使用的样式不可以通过"格式刷"进行复制

（27）WPS 中"格式刷"按钮的作用是（　　）。

A. 复制文本　　　　　　　　　　B. 复制图形

C. 复制文本和格式　　　　　　　D. 复制格式

（28）关于 WPS 的快速访问工具栏，下面说法中正确的是（　　）

A. 不包括文档新建　　　　　　　B. 不包括打印预览

C. 不包括自动滚动　　　　　　　D. 不能设置字体

（29）在 WPS 中查找和替换正文时，若操作错误则（　　）

A. 可用"撤销"来恢复　　　　　B. 必须手工恢复

C. 无法挽回　　　　　　　　　　D. 有时可恢复，有时就无法挽回

（30）在 WPS 中，（　　）用于控制文档在屏幕上的显示大小。

A. 全屏显示　　　　　　　　　　B. 显示比例

C. 缩放级别　　　　　　　　　　D. 页面显示

（31）下列关于 WPS 保存文档的描述中不正确的是（　　）。

A. 快速访问工具栏中的"保存"按钮与"文件"菜单中的"保存"命令选项同等功能

B. 保存一个新文档，快速访问工具栏中的"保存"按钮与"文件"菜单中的"另存为"命令选项同等功能

C. 保存一个新文档，"文件"菜单中的"保存"命令选项与"文件"菜单中的"另存为"命令选项同等功能

D. "文件"菜单中的"保存"命令选项与"文件"菜单中的"另存为"命令选项同等功能

（32）在 WPS 的（　　）视图方式下，可以显示页眉、页脚。

A. 普通视图　　　　B. Web 视图　　　　C. 大纲视图　　　　D. 页面视图

（33）在 WPS 文字中，下列关于页眉和页脚的说法中不正确的是（　　）。

A. 页眉和页脚是可以打印在文档每页顶端和底部的描述性内容

B. 页眉和页脚的内容是专门设置的

C. 页眉和页脚可以是页码、日期、简单文字等

D. 页眉和页码不能是图片

（34）下列（　　）是 WPS 文字提供的导航方式。

A. 关键字导航

B. 文档标题导航

C. 特定对象导航

D. 章节导航

（35）在 WPS 文字中，下列关于文档窗口的说法中正确的是（　　）。

A. 只能打开一个文档窗口

B. 可以同时打开多个文档窗口，被打开的窗口都是活动窗口

C. 可以同时打开多个文档窗口，但其中只有一个窗口是活动窗口

D. 可以同时打开多个文档窗口，但在屏幕上只能看到一个文档窗口。

（36）"段落"对话框不能完成下列（　　）操作。

A. 改变行与行之间的间距

B. 改变段与段之间的间距

C. 改变段落文字的颜色

D. 改变段落文字的对齐方式

（37）若想让文字尽可能包围图片，可以选择的文字环绕方式是（　　）。

A. 四周型环绕　　　　B. 紧密型环绕　　　　C. 穿越型环绕　　　　D. 上下型环绕

（38）在 WPS 文字的表格操作中，求和的函数名称是（　　）。

A. TOTAL　　　　　　B. AVERAGE　　　　C. COUNT　　　　　D. SUM

（39）下列有关表格排序的说法中正确的是（　　）。

A. 只有字母可以作为排序的依据

B. 只有数字类型可以作为排序的依据

C. 排序规则有升序和降序

D. 笔画和拼音不能作为排序的依据

（40）WPS 文字中保存文件的快捷键是（　　）。

A. 【Ctrl】+【S】

B. 【Ctrl】+【A】

C. 【Ctrl】+【P】

D. 【Ctrl】+【Q】

2. 填空题

（1）当文档较长，设置了多级标题样式后，可以使用（　　）功能翻阅文档。

（2）字符格式设置好后，如果要在其他字符中也应用相同的格式，可以使用（　　）将字符格式复制到其他字符，而不需要重新设置。

（3）如果要将 WPS 文字当前的"插入"方式改成"改写"方式，可以在窗口编辑状态下按（　　）键。

（4）在 WPS 文字中，文本框的排版方式有（　　）和（　　）两种。

（5）在设置图片大小时，选中（　　）复选框可以保证图片按原来的宽高比例进行缩放。

（6）在选定表格中不连续的行时，首先选中要选定的首行，然后按住（　　）键，依次选中其他待选定的行。

模块 2　WPS Office 表格操作与应用

WPS 表格是以工作表的方式进行数据运算和分析的，数据是工作表的重要组成部分，是显示、操作以及计算的对象。只有在工作表中输入一定的数据，才能根据要求完成相应的数据运算和分析工作。WPS 表格具有强大的数据处理功能，可以方便地组织、管理、统计和分析数据信息。在 WPS 表格中，可以将工作表中符合一定条件的连续数据区域视为一张数据表，从而进行整理、排序、筛选、分类汇总及统计等操作。

【技能训练】

【技能训练 2-1】WPS 工作簿基本操作

选择合适方法完成以下各项操作。

【操作 1】：在文件夹"模块 2"中创建并打开 WPS 工作簿文件"应聘企业通信录 1.et"，然后另存为"应聘企业通信录 2.et"。

【操作 2】：将 WPS 工作簿"应聘企业通信录 1.et"关闭。

【操作 3】：打开 WPS 工作簿文件"应聘企业通信录 2.et"。

【操作 4】：退出 WPS。

【技能训练 2-2】WPS 工作表基本操作

创建且保存 WPS 工作簿"WPS 工作表基本操作.et"，然后选择合适方法完成以下各项操作。

【操作 1】：插入工作表。

（1）在工作簿默认添加的工作表"Sheet1"右侧再插入 2 个工作表"Sheet2"和"Sheet3"。

（2）利用 WPS 表格"开始"选项卡中"工作表"按钮的下拉菜单中的"插入工作表"命令在工作表"Sheet1"之前插入 1 个新工作表"Sheet4"，在工作表"Sheet2"之前插入 1 个新工作表"Sheet5"。

（3）利用工作表标签的快捷菜单在工作表"Sheet3"之前插入 1 个新工作表"Sheet6"。

【操作 2】：复制与移动工作表。

（1）在 WPS 工作簿"WPS 工作表基本操作.et"中复制工作表"Sheet2"，然后将复制的工作表"Sheet2 (2)"移动到工作表"Sheet3"右侧。

（2）将 WPS 工作簿"WPS 工作表基本操作.et"中的工作表"Sheet4"移到"Sheet3"左侧。

【操作 3】：选定工作表。

（1）选定工作表"Sheet1"。

（2）选定工作表"Sheet1"和"Sheet3"。

（3）选定 WPS 工作簿"WPS 工作表基本操作.et"中所有的工作表。

【操作 4】：切换工作表。

先选定工作表"Sheet1"，然后切换到工作表"Sheet3"。

【操作 5】：重命名工作表。

在 WPS 工作簿"WPS 工作表基本操作.et"中，利用 WPS 表格"开始"选项卡"工作表"按钮的下拉菜单中的"重命名"命令将工作表"Sheet1"的名称重命名为"第 1 次考核成绩"，利用工作表标签的快捷菜单将工作表"Sheet2"的名称重命名为"第 2 次考核成绩"。

【操作 6】：删除工作表。

在 WPS 工作簿"WPS 工作表基本操作"中，利用 WPS 表格"开始"选项卡"工作表"按钮的下拉菜单中的"删除工作表"命令将工作表"Sheet5"删除，利用工作表标签的快捷菜单将工作表"Sheet6"删除。

【操作 7】：数据查找与替换。

打开在 WPS 工作簿"客户通信录.et"，在工作表"Sheet1"中查找"长沙市"、"数据中心"，并且将"187 号"替换为"188 号"。

【技能训练 2-3】WPS 工作表窗口拆分与冻结

打开 WPS 工作簿"第 1 小组成绩统计.et"，然后选择合适方法完成以下各项操作。

【操作 1】：将 WPS 工作簿"第 1 小组成绩统计.et"中的工作表"第 1 次考试成绩"拆分为上下 2 个水平窗口。

【操作 2】：将 WPS 工作簿"第 1 小组成绩统计.et"中的工作表"第 2 次考试成绩"拆分为左右 2 个垂直窗口。

【操作 3】：将 WPS 工作簿"第 1 小组成绩统计.et"中的工作表"第 1 次考试成绩"中的标题行冻结。

【技能训练 2-4】设置、撤销工作簿和工作表的保护

打开工作簿"客户通信录.et"，然后设置、撤销工作簿和工作表的保护。

【操作 1】：保护工作表。

设置密码为"123456"。

【操作 2】：撤销工作表保护。

撤销工作表保护时，输入密码"123456"。

【操作 3】：保护工作簿。

设置密码为"123456"。

【操作 4】：撤销对工作簿的保护。

撤销工作簿保护时，输入密码"123456"。

【操作 5】：对 WPS 文档进行加密处理。

设置密码为"123456"。

【操作 6】：撤销 WPS 文档的密码。

【技能训练 2-5】WPS 行与列基本操作

打开文件夹"模块 2"中 WPS 工作簿文件"应聘企业通信录 1.et"，然后选择合适方法完成以下各项操作。

【操作 1】：选定行。

（1）先后选定标题行和序号为"2"的行。

（2）选定序号分别为 2、3、4、5 相邻的 4 行。

（3）选定序号分别为 1、3、5、7 不相邻的 4 行。

【操作 2】：选定列。

（1）先后选定标题为"企业名称"、"地址"和"办公电话"的列。

（2）选定标题分别为"企业名称"、"应聘职位"和"地址"相邻的 3 列。

（3）选定标题分别为"企业名称"、"地址"和"电子邮箱"不相邻的 3 列。

【操作 3】：插入行与列。

（1）在序号为 4 的行之前插入一行，在序号为 7 的行之后插入一行。

（2）在标题为"联系人"的左侧插入一列，在标题为"企业名称"的右侧插入一列。

【操作 4】：复制整行与整列。

（1）复制序号为"3"的行，然后在序号为"8"之后的行进行粘贴操作。

（2）复制标题为"电子邮箱"的列，然后在标题为"办公电话"之后的列进行粘贴操作。

【操作 5】：移动整行与整列。

（1）将序号为"5"的行移动到行号为 12 的行。

（2）将标题为"联系人"的列移动到"H"列。

【操作 6】：删除整行与整列。

（1）删除新插入的行和列。

（2）删除复制后重复的行和列。

【操作 7】：调整行高。

（1）调整标题行的行高为"20"。

（2）调整非标题行的行高为"16"。

【操作 8】：调整列宽。

使用鼠标拖动方法将各数据列的宽度设置为至少能容纳单元格中的内容。

【技能训练 2-6】WPS 单元格基本操作

打开文件夹"模块 2"中的 WPS 工作簿"应聘企业通信录 2.et"，然后选择合适方法完成以下各项操作。

【操作 1】：选定单元格。

（1）使用鼠标选定应聘职位为"网站开发"的单元格（其地址为 C6），然后使用键盘移动鼠标指针到联系人为"金先生"的单元格和序号为"7"的单元格。

（2）使用菜单命令选定"D8"单元格。

（3）使用"名称框"选定"E6"单元格。

【操作 2】：选定单元格区域。

选定单元格区域"E6:D8"。

【操作 3】：插入与删除单元格。

（1）在应聘职位为"网站开发"的单元格上方插入 1 个单元格，然后删除新插入的单元格。

（2）删除应聘职位为"网站开发"的单元格，然后执行撤销操作。

（3）在应聘职位为"网站开发"的单元格上方插入 1 个单元格，然后删除新插入的单元格。

（4）在应聘职位为"网站开发"的单元格左侧插入 1 个单元格，然后删除新插入的单元格。

【操作 4】：复制单元格。

将应聘职位为"网站开发"的单元格复制到单元格"C12"的位置。

【操作 5】：移动单元格数据。

删除 C6 单元格中的数据，然后将 C12 单元格中的数据移动到 C6 单元格中。

【操作 6】：复制单元格数据。

先插入工作表"Sheet2"，然后将"Sheet1"工作表中 D3 单元格的内容复制到工作表"Sheet2"的 D3 单元格中。

【技能训练 2-7】WPS 中自定义填充序列

创建并打开 WPS 工作簿"技能竞赛抽签序号.et"，在工作表"Sheet1"第 1 列中输入序号数据"1、2、3、4"，第 2 列中输入序列数据"A1、A2、A3、A4"，然后完成以下操作。

【操作 1】：将工作表中已有的序列"1、2、3、4"定义为序列。

【操作 2】：将工作表中已有的序列"A1、A2、A3、A4"定义为序列。

【操作 3】：删除自定义序列"1、2、3、4"。

【技能训练 2-8】WPS 工作表中在输入数据时检查其有效性

图 2-1　WPS 表格工作表中的"联系电话"列和"成绩"列

打开 WPS 工作簿"验证数据有效性.et"，图 2-1 中的"联系电话"列的手机号码应为 11 位数字文本，"成绩"列的数据取值应在 0～100（包含 0 和 100）范围内，像这种应用场景，可以通过设置数据有效性来对数据进行筛选。

参考以下步骤在输入数据时检查其有效性。

（1）选择 C2:C13 单元格区域，在"数据"选项卡中单击功能区的"有效性"按钮，打开"数据有效性"对话框。

（2）在"设置"选项卡中将有效性条件中的"允许"设置为"文本长度"，将"数据"设置为"等于"，将"数值"设置为 11，如图 2-2 所示。

图 2-2　在"数据有效性"对话框"设置"选项卡中设置有效性条件

（3）切换到"输入信息"选项卡，选中"选定单元格时显示输入信息"复选框，在"标题"文本框中输入"输入手机号码："，在"输入信息"文本框中输入"请输入 11 位的手机号码"，如图 2-3 所示。

（4）切换到"出错警告"选项卡，选中"输入无效数据时显示出错警告"复选框，在"样式"下拉列表中选择"警告"选项，在"标题"文本框中输入"验证手机号码的长度"，在"错误信息"文本框中输入"手机号码的长度必须为 11 位"，如图 2-4 所示。

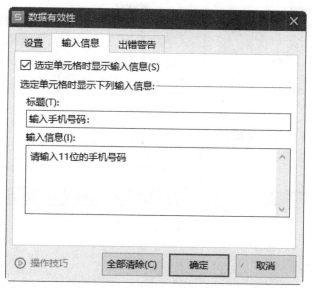

图 2-3　在"数据有效性"对话框"输入信息"选项卡中设置选定单元格时显示的信息

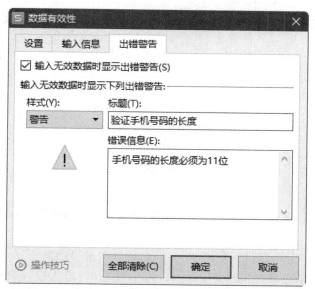

图 2-4　在"数据有效性"对话框"出错警告"选项卡中设置输入无效数据时显示的信息

（5）单击"确定"按钮，关闭"数据有效性"对话框。

（6）将 C2:C13 单元格区域设置以上规则后，就能根据预设的规则对键入的数据进行检查，以验证输入的数据是否合乎要求。选定设置了有效性条件的单元格 C2，弹出相应的输入提示信息，如图 2-5 所示。

（7）当输入了不符合设置规则的数据，光标离开该单元格时，就会显示错误提示，直到输入合法的数据才不会出现错误提示。

图 2-5　选中设置了有效性条件的单元格弹出输入提示信息

图 2-6　输入数据不符合"数据有效性"规则时出现的错误提示信息

例如，在设置了有效性条件的单元格 C2 中输入手机号码，例如输入"1880731666"，由于这里只输入了 10 位长度的手机号码，光标离开该单元格 C2 时，自动弹出出错警告提示信息，如图 2-6 所示。

同样，可以将"成绩"列的 D2:D13 单元格区域的数值范围设置在[0，100]的集合，设置内容如图 2-7 所示。

图 2-7　设置"成绩"列的"数据有效性"

【技能训练 2-9】WPS 工作表中输入有效数据设置

打开 WPS 工作簿"输入有效数据.et"，然后选择合适方法完成以下各项操作。

【操作 1】：设置数据输入的限制条件为：最小值为 0，最大值 100。设置提示信息标题为"输入成绩时:"，提示信息内容设置为"必须为 0～100 之间的整数"。

【操作 2】：如果在设置了数据有效性的单元格中输入不符合限定条件的数据时，弹出"警告信息"对话框，该对话框标题设置为"不能输入无效的成绩"，提示信息设置为"请输入 0～100 之间的整数"。

【技能训练 2-10】WPS 工作表中删除重复数据

打开工作簿"删除重复数据.et"，参考以下操作步骤删除重复数据。

（1）拖动鼠标选中 A1:C13 单元格区域，在"数据"选项卡中单击功能区的"重复项"

按钮，在弹出的下拉菜单中选择"删除重复项"命令，如图 2-8 所示。

（2）打开"删除重复项"对话框，在该对话框中设定判定为重复项的条件，即哪些列的值相同就判定为重复记录。这里选中"数据包含标题"复选框，并且选中"联系电话"复选框，即在所有行中，只要"联系电话"值相同，就判定为行重复，如图 2-9 所示。在图 2-9 中完成设置后，提示"找到 1 条重复项；删除后将保留 11 条唯一项"。

图 2-8　在"重复项"下拉菜单中选择"删除重复项"命令

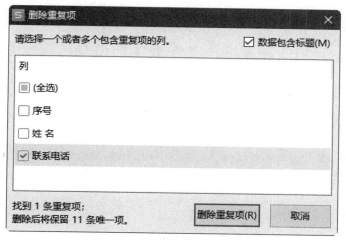

图 2-9　"删除重复项"对话框

（3）设定好判定条件后，在"删除重复项"对话框中单击"删除重复项"按钮，会删除"郑州"所在的行记录，并且弹出"发现了 1 个重复项，已将其删除；保留了 11 个唯一值"提示信息框，如图 2-10 所示。

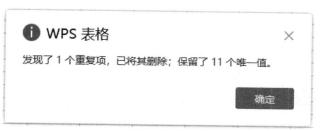

图 2-10　"发现了 1 个重复项，已将其删除，保留了 11 个唯一值"提示信息框

（4）在 WPS 表格提示信息框中单击"确定"按钮，"删除重复项"后的结果如图 2-11 所示。

序号	姓名	联系电话
1	成功	18807316661
2	阳光	18807316662
3	高兴	18807316663
4	安静	18807316664
5	温暖	18807316665
6	王武	18807316666
7	李斯	18807316667
8	张珊	18807316668
9	向前	18807316669
11	黄山	18807316671
12	简单	18807316672

图 2-11 "删除重复项"的结果

【技能训练 2-11】在 WPS 工作表中插入与设置标题行

打开工作簿"第 1 小组考试成绩 1.et"，然后在工作表的第一行 A1:F13 单元格区域插入标题，待插入标题的单元格区域如图 2-12 所示。

操作步骤如下。

① 在行号"1"的位置右击，在弹出快捷菜单中选择"在上方插入行"命令，如图 2-13 所示，即在当前选中行的上方插入一个空行。

	A	B	C	D	E	F
1	序号	姓名	语文	数学	英语	平均成绩
2	1	成功	71	86	68	75
3	2	阳光	79	76	91	82
4	3	高兴	76	80	78	78
5	4	安静	89	85	81	85
6	5	温暖	84	86	82	84
7	6	王武	90	86	88	88
8	7	李斯	92	94	87	91
9	8	张珊	98	92	83	91
10	9	向前	79	72	95	82
11	10	郑州	84	68	76	76
12	11	黄山	84	70	74	76
13	12	简单	79	74	93	82

图 2-12 待插入标题的
单元格区域

图 2-13 在快捷菜单中选择
"在上方插入行"命令

② 在新插入标题行的 A1 单元格中输入标题文字"第 1 小组考试成绩"，如图 2-14 所示。

③ 拖动鼠标选定 A1:F1 单元格区域，在"开始"选项卡中单击"合并居中"按钮，在弹出的下拉列表中选择"合并居中"命令，如图 2-15 所示。

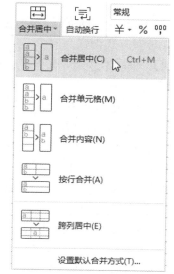

图 2-15　设置标题行的 A1:F1 单元格
区域合并居中

图 2-14　在标题行的 A1 单元格
输入标题文字

④ 调整好标题行的行高，设置好标题行文字的字体、字号、文字颜色等。

在工作表中插入表格标题且设置合并居中后的效果如图 2-16 所示。

A	B	C	D	E	F
		第1小组考试成绩			
序号	姓　名	语文	数学	英语	平均成绩
1	成功	71	86	68	75
2	阳光	79	76	91	82
3	高兴	76	80	78	78
4	安静	89	85	81	85
5	温暖	84	86	82	84
6	王武	90	86	88	88
7	李斯	92	94	87	91
8	张珊	98	92	83	91
9	向前	79	72	95	82
10	郑州	84	68	76	76
11	黄山	84	70	74	76
12	简单	79	74	93	82

图 2-16　在工作表中插入表格标题且设置合并居中后的效果

【技能训练 2-12】WPS 工作表的格式设置

打开文件夹"模块 2"中的 WPS 工作簿"重要客户通信录.et"，然后完成以下各项操作。

【操作 1】：在第 1 行之前插入 1 个新行，输入内容"客户通信录"。

【操作 2】：使用"设置单元格格式"对话框设置第 1 行"客户通信录"的字体为"宋体"、字号为 20、加粗，水平对齐方式设置为跨列居中，垂直对齐方式设置为居中。

【操作 3】：使用"开始"选项卡中的命令按钮设置其他行文字的字体为"仿宋"、字号为 10，垂直对齐方式设置为居中。

【操作 4】：使用"开始"选项卡中的命令按钮将"序号"所在标题行数据的水平对齐方式设置为"居中"。

【操作 5】：使用"开始"选项卡中的命令按钮将"序号"、"称呼"、"联系电话"和"邮政编码"四列数据的水平对齐方式设置为"居中"。

【操作 6】：使用"开始"选项卡中的"数字格式"下拉菜单将"联系电话"和"邮政编码"两列数据设置为"文本"类型。

【操作 7】：使用"行高"对话框将第 1 行（标题行）的行高设置为 35，其他数据行（第 2 行至第 10 行）的行高设置为 20。

【操作 8】：使用功能区选项或者"列宽"对话框将各数据列的宽度自动调整为至少能容纳单元格中的内容。

【操作 9】：使用"设置单元格格式"对话框的"边框"选项卡将包含数据的单元格区域设置边框线。

【操作 10】：设置纸张方向为"横向"，然后预览页面的整体效果。

【技能训练 2-13】WPS 表格中将单元格区域自动套用表格格式

打开 WPS 工作簿"第 1 小组考试成绩 3.et"，将单元格区域"A2:F14"自动套用表格格式。

操作步骤如下。

① 选定要套用表格格式的单元格区域。

② 在"开始"选项卡中单击"表格样式"按钮，弹出如图 2-17 所示的样式面板，可以在样式面板的"预设样式"的"浅色系/中色系/深色系"中进行切换，然后选择一种合适的预设样式，也可以在"稻壳表格样式"中选择一项。

例如，在图 2-17 中的"预设样式"区域选择"浅色系"中的"表样式浅色 9"。

【说明】：在"表格"样式下拉样式面板中选择"新建表格样式"命令，在打开如图 2-18 所示的"新建表样式"对话框中可以自定义表格样式。

③ 在打开的"套用表格样式"对话框中，确认表数据的来源区域是否正确，这里设置表格样式的表数据的来源为"=$A$2:$F$14"，选中"仅套用表格样式"单选按钮，标题行数的行数设为"1"，如图 2-19 所示。

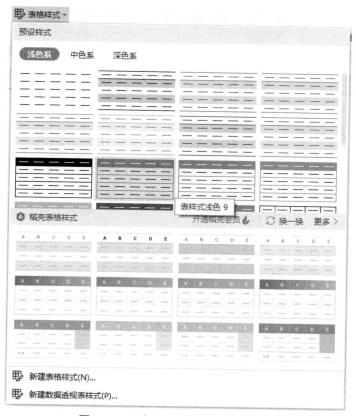

图 2-17 "表格"样式下拉样式面板

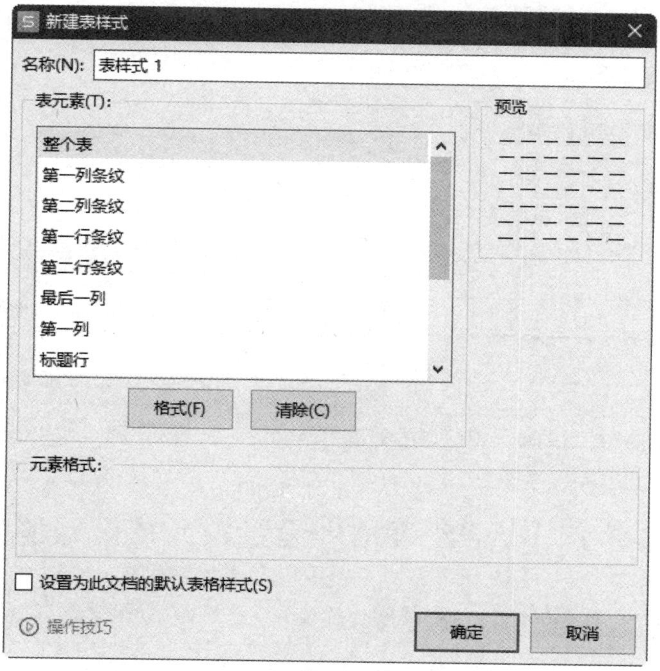

图 2-18 "新建表样式"对话框

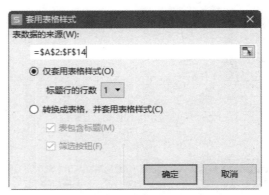

图 2-19　"套用表格样式"对话框

【说明】：如果希望转换成表格，则在"套用表格样式"对话框中选中"转换成表格，并套用表格样式"单选按钮；如果希望标题出现在套用样式的表中，选中"表包含标题"复选框；如果希望筛选按钮出现在表中，选中"筛选按钮"复选框。

④ 单击"确定"按钮，表格样式套用在选择的数据区域中。

套用表格样式后的单元格区域的外观效果如图 2-20 所示。

⑤ 如果要清除套用的表格格式，可以先选定单元格区域，再右击，在弹出的快捷菜单中依次选择"清除内容"→"格式"命令即可。

⑥ 如果选定的单元格区域已转换成表格了，要将表格转换为普通的区域，切换到"表格工具"选项卡，单击"转换为区域"按钮，在弹出的对话框中单击"确定"按钮，如图 2-21 所示。

	A	B	C	D	E	F
1	第1小组考试成绩					
2	序号	姓名	语文	数学	英语	平均成绩
3	1	成功	71	86	68	75
4	2	阳光	79	76	91	82
5	3	高兴	76	80	78	78
6	4	安静	89	85	81	85
7	5	温暖	84	86	82	84
8	6	王武	90	86	88	88
9	7	李斯	92	94	87	91
10	8	张珊	98	92	83	91
11	9	向前	79	72	95	82
12	10	郑州	84	68	76	76
13	11	黄山	84	70	74	76
14	12	简单	79	74	93	82

图 2-20　套用表格样式后的单元格区域的外观效果

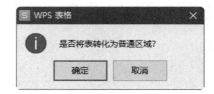

图 2-21　"WPS 表格"对话框

【技能训练 2-14】WPS 表格中设置单元格区域的条件格式

（1）打开 WPS 工作簿"第 1 小组考试成绩 4.et"，设置单元格区域"F3:F14"的条件格式。

具体操作步骤如下。

① 选定要设置条件格式的单元格或单元格区域。

② 在"开始"选项卡中单击"条件格式"按钮，在弹出的下拉菜单中根据需要选择设置条件的方式，在打开的对话框中设置好相应的数值，单击"确定"按钮即可。

③ 如果需要设置多个条件，可以再次选择相应的选项，输入相关的数值，多个条件可以叠加生效。

例如，先在"第 1 小组考试成绩"工作表中选择单元格区域 F3:F14，然后在"开始"选项卡中依次选择"条件格式"→"项目选取规则"→"低于平均值"命令，如图 2-22 所示。

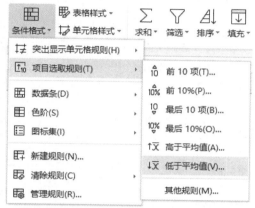

图 2-22　依次选择"条件格式"→"项目选取规则"→"低于平均值"命令

打开"低于平均值"对话框，在该对话框"针对选定区域设置为"下拉列表框中选择符合条件时数据显示的外观，这里选择"浅红填充色深红色文本"选项，如图 2-23 所示。

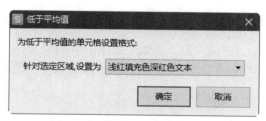

图 2-23　"低于平均值"对话框

在"低于平均值"对话框中单击"确定"按钮，设置后的效果如图 2-24 所示，所有低于平均成绩的成绩对应单元格都已设置为"浅红填充色"和"深红色文本"。

选择"条件格式"按钮的下拉菜单中的"色阶"命令，从其级联菜单中选择一种色阶选项，如图 2-25 所示，可以帮助用户比较某个单元格区域中的数值，颜色的深浅表示数值的高、中、低。

序号	姓名	语文	数学	英语	平均成绩
第1小组考试成绩					
1	成功	71	86	68	75
2	阳光	79	76	91	82
3	高兴	76	80	78	78
4	安静	89	85	81	85
5	温暖	84	86	82	84
6	王武	90	86	88	88
7	李斯	92	94	87	91
8	张珊	98	92	83	91
9	向前	79	72	95	82
10	郑州	84	68	76	76
11	黄山	84	70	74	76
12	简单	79	74	93	82

图 2-24　低于平均值的"条件格式"设置后的效果

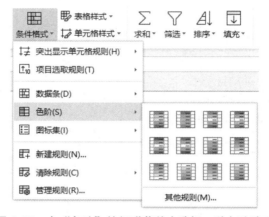

图 2-25　在"色阶"的级联菜单中选择一种色阶选项

当默认条件格式不满足用户需求时，可以对条件格式进行自定义设置。

（2）打开 WPS 工作簿"第 1 小组考试成绩 5.et"，针对单元格区域"C3:F14"将">=90"的各课程成绩及平均成绩的对应单元格设置为"绿填充色"和"深绿色文本"。

操作步骤如下。

（1）选定单元格区域 C3:F14，在"开始"选项卡中依次选择"条件格式"→"突出显示单元格规则"→"大于"命令，如图 2-26 所示，然后打开"大于"对话框。

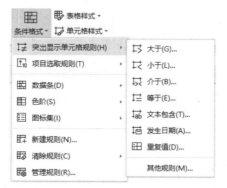

图 2-26　依次选择"条件格式"→"突出显示单元格规则"→"大于"命令

（2）在"大于"对话框左侧文本框中输入数值"90"，在右侧下拉列表中选择"绿填充色深绿色文本"，如图 2-27 所示，然后单击"确定"按钮。

图 2-27　"大于"对话框

设置后的效果如图 2-28 所示，所有大于 90 分的成绩对应单元格都已设置为"绿填充色"和"深绿色文本"。

序号	姓名	语文	数学	英语	平均成绩
		第1小组考试成绩			
1	成功	71	86	68	75
2	阳光	79	76	91	82
3	高兴	76	80	78	78
4	安静	89	85	81	85
5	温暖	84	86	82	84
6	王武	90	86	88	88
7	李斯	92	94	87	91
8	张珊	98	92	83	91
9	向前	79	72	95	82
10	郑州	84	68	76	76
11	黄山	84	70	74	76
12	简单	79	74	93	82

图 2-28　成绩大于 90 的"条件格式"设置后的效果

（3）再一次选定单元格区域 C3:F14，在"开始"选项卡中依次选择"条件格式"→"突出显示单元格规则"→"等于"命令，打开"等于"对话框。

（4）在"等于"对话框左侧文本框中输入数值"90"，在右侧下拉列表中选择"绿填充色深绿色文本"，如图 2-29 所示，然后单击"确定"按钮。

图 2-29　"等于"对话框

设置后的效果如图 2-30 所示，所有大于 90 分以及等于 90 分的成绩对应单元格都已设置为"绿填充色"和"深绿色文本"。

图 2-30　成绩大于和等于 90 的"条件格式"设置后的效果

【技能训练 2-15】WPS 工作表中数据计算

打开 WPS 工作簿"计算销售额.et"，然后完成以下各项操作。

【操作 1】：使用公式"单价*销售数量"计算销售额，将计算结果存放在 G3 至 G30 各个对应单元格中。

【操作 2】：使用"开始"选项卡中的"自动求和"按钮，计算产品销售总数量，将计算结果存放在单元格 F31 中。

【操作 3】：在"编辑栏"常用函数列表中选择所需的函数，计算产品销售总额，将计算结果存放在单元格 G31 中。

【操作 4】：使用"插入函数"对话框和"函数参数"对话框计算产品的最高单价和最低单价，计算结果分别存放在单元格 E32 和 E33 中。

【操作 5】：手工输入计算公式，计算产品平均销售额，将计算结果存放在单元格 G34 中。

【技能训练 2-16】WPS 工作表中数据排序

打开 WPS 工作簿"产品销售数据排序.et"，然后在工作表 Sheet1 中按"产品类型"升序和"销售额"的降序排列。

【技能训练 2-17】WPS 工作表中数据筛选

打开 WPS 工作簿"产品销售数据筛选.et"，然后完成以下各项操作。

【操作 1】：自动筛选。

筛选出单价在 3000～5000 元（包含 5000 元，但不包 3000 元）之间的产品。

【操作 2】：高级筛选。

筛选出单价大于 900 元并且小于等于 3000 元，同时销售额在 50000 元以上的洗衣机与单价低于 7000 元的空调。

【技能训练 2-18】WPS 工作表中数据分类汇总

打开 WPS 工作簿"产品销售数据分类汇总.et",然后完成分类汇总操作,要求分类字段为"产品类型",汇总方式为"求和",汇总项分别为"销售数量"和"销售额"。

【技能训练 2-19】针对 WPS 工作表中的数据进行嵌套分类汇总

打开 WPS 工作簿"文具耗材销售统计表 3.et",针对该工作簿中的"文具耗材销售"数据,先按"销售日期"进行汇总,然后按"品名"进行汇总。

操作步骤如下。

① 对数据区域中要实施分类汇总的多个字段进行排序。先按"销售日期"升序排序,然后按"品名"升序排序。

② 选中数据区域"A2:H23",切换到"数据"选项卡,然后按第一关键字对数据区域进行分类汇总。

③ 选中数据区域"A2:H23",然后单击"分类汇总"按钮,再次打开"分类汇总"对话框。在"分类字段"下拉列表框中选择次要关键字,将"汇总方式"和"选中汇总项"保持与第一关键字相同的设置,并取消选中"替换当前分类汇总"复选框,"分类汇总"对话框的第 2 次设置结果如图 2-31 所示。

④ 单击"确定"按钮,完成嵌套分类汇总的操作,嵌套分类汇总的结果如图 2-32 所示。

图 2-31　"分类汇总"对话框的第 2 次设置结果

	A	B	C	D	E	F	G	H
1	文具耗材销售统计表							
2	序号	销售日期	品名	品牌	数量	单位	单价	销售金额
3	2	9月1日	软抄本	晨光	120	本	1.25	150
4	1	9月1日	软抄本	得力	110	本	2.3	253
5	3	9月1日	软抄本	广博	210	支	1.39	291.9
6			软抄本 汇总		440			694.9
7	4	9月1日	中性笔	晨光	210	支	1.48	310.8
8	5	9月1日	中性笔	得力	53	支	2.39	126.67
9	7	9月1日	中性笔	齐心	32	支	2.5	80
10	6	9月1日	中性笔	小米	41	支	1.99	81.59
11			中性笔 汇总		336			599.06
12		9月1日 汇总			776			1293.96
13	9	9月2日	软抄本	晨光	224	本	1.25	280
14	8	9月2日	软抄本	得力	118	本	2.3	271.4
15	10	9月2日	软抄本	广博	15	支	1.39	20.85
16			软抄本 汇总		357			572.25
17	11	9月2日	中性笔	晨光	28	支	1.48	41.44
18	12	9月2日	中性笔	得力	24	把	2.39	57.36
19	14	9月2日	中性笔	齐心	33	把	2.5	82.5
20	13	9月2日	中性笔	小米	82	盒	1.99	163.18
21			中性笔 汇总		167			344.48
22		9月2日 汇总			524			916.73
23	16	9月3日	软抄本	晨光	215	本	1.25	268.75
24	15	9月3日	软抄本	得力	112	本	2.3	257.6
25	17	9月3日	软抄本	广博	54	支	1.39	75.06
26			软抄本 汇总		381			601.41
27	18	9月3日	中性笔	晨光	144	支	1.48	213.12
28	19	9月3日	中性笔	得力	56	把	2.39	133.84
29	21	9月3日	中性笔	齐心	82	把	2.5	205
30	20	9月3日	中性笔	小米	68	盒	1.99	135.32
31			中性笔 汇总		350			687.28
32			总计		2031			3499.38
33		9月3日 汇总			731			1288.69
34		总计			2031			3499.38

图 2-32　嵌套分类汇总的结果

【技能训练 2-20】针对 WPS 工作表中多个区域的数据进行合并

打开 WPS 工作簿“文具耗材销售统计表 4.et”，该工作簿包括了 9 月 1 日、9 月 2 日、9 月 3 日三天的文具耗材销售数据，图 2-33 和图 2-34 分别是 9 月 1 日和 9 月 2 日的文具耗材销售情况，这两个数据区域的结构是相同的，现在需要对这两个数据区域进行汇总统计，形成“文具耗材销售汇总表”。

	A	B	C	D	E	F
1	品名	品牌	数量	单位	单价	销售金额
2	软抄本	得力	110	本	2.3	253
3	软抄本	晨光	120	本	1.25	150
4	软抄本	广博	210	支	1.39	291.9
5	中性笔	晨光	210	支	1.48	310.8
6	中性笔	得力	53	支	2.39	126.67
7	中性笔	小米	41	支	1.99	81.59
8	中性笔	齐心	32	支	2.5	80

图 2-33　9 月 1 日的文具耗材销售情况

	A	B	C	D	E	F
1	品名	品牌	数量	单位	单价	销售金额
2	软抄本	得力	118	本	2.3	271.4
3	软抄本	晨光	224	本	1.25	280
4	软抄本	广博	15	支	1.39	20.85
5	中性笔	晨光	28	支	1.48	41.44
6	中性笔	得力	24	把	2.39	57.36
7	中性笔	小米	82	盒	1.99	163.18
8	中性笔	齐心	33	把	2.5	82.5

图 2-34　9 月 2 日的文具耗材销售情况

操作步骤如下。

①在本工作簿中建立"文具耗材销售汇总表"，其结构与"9 月 1 日的文具耗材销售情况"数据区域的结构相同；也可以直接复制"9 月 1 日的文具耗材销售情况"数据区域的数据，然后删除"数量"和"销售金额"两列数据即可。

②选定"文具耗材销售汇总表"中"C2:C8"单元格区域。

③单击"数据"选项卡中的"合并计算"按钮，弹出"合并计算"对话框。

④单击"引用位置"输入框右侧的"折叠"按钮，选择"9 月 1 日的文具耗材销售情况"工作表中的"C2:C8"单元格区域，单击"展开"按钮后，再单击"添加"按钮，该"引用位置"的内容会被添加到下面的"所有引用位置"区域中。重复以上步骤，将"9 月 2 日的文具耗材销售情况"工作表中的"C2:C8"单元格区域也添加到"所有引用位置"区域。添加了 2 个合并单元格区域的"合并计算"对话框如图 2-35 所示。

图 2-35　"合并计算"对话框

⑤单击"确定"按钮，完成数据合并操作，合并计算结果如图 2-36 所示。

	A	B	C	D	E	F
1	品名	品牌	数量	单位	单价	销售金额
2	软抄本	得力	228	本	2.3	524.4
3	软抄本	晨光	344	本	1.25	430
4	软抄本	广博	225	支	1.39	312.75
5	中性笔	晨光	238	支	1.48	352.24
6	中性笔	得力	77	支	2.39	184.03
7	中性笔	小米	123	支	1.99	244.77
8	中性笔	齐心	65	支	2.5	162.5

图 2-36　数据合并计算结果

【技能训练 2-21】创建人才需求量的数据透视表分析人才需求

打开文件夹"模块 2"中的 WPS 工作簿"人才需量统计表.et"，利用数据表"Sheet1"中的数据，创建人才需求量的数据透视表，且将创建的数据透视表存放在数据表"Sheet3"中。将创建人才需求量数据透视表与工作表"Sheet1"中的人才需求数据进行对比，理解数据透视表的作用和直观性。

【技能训练 2-22】人才需求数据展现与输出

打开文件夹"模块 2"中的 WPS 工作簿"人才需求数据展现与输出.et"，按照以下要求在工作表 Sheet1 中完成相应的操作。

（1）在工作表"Sheet1"中计算各个城市人才需求的总计数，结果存放在单元格 C9～L9 中。

（2）在工作表"Sheet1"中计算各职位类别人才需求量的总计数，结果存放在单元格 M3～M8 中。

（3）在工作表"Sheet1"中利用单元格区域"C2:L2"和"C9:L9"中数据绘制图表，图表标题为"主要城市人才需求量统计"，图表类型为"簇状柱形图"，分类轴标题为"城市"，数据轴标题为"需求数量"。

（4）在工作表"Sheet1"中利用单元格区域"B3:B8"和"M3:M8"中的数据绘制图表，图表标题为"人才需求量统计"，图表类型为"三维饼图"，显示"百分比"数据标签，图例位于底部。

（5）预览数据表"Sheet1"，设置合适的页边距，设置打印区域。

【技能训练 2-23】基于工作表中的数据区域创建数据透视图

打开工作簿"第 3 季度家电产品销售数量 6.et"，基于工作表"第 3 季度家电产品销售数量"的数据区域创建数据透视图。

操作步骤如下。

① 在工作表"第 3 季度家电产品销售数量"的数据区域中单击任意单元格。

② 在"插入"选项卡中单击"数据透视图"按钮，弹出"创建数据透视图"对话框，设置好要分析的源数据单元格区域"Sheet1!$A$1:$D$28"和放置数据透视图的位置"Sheet1!$F$1:$M$28"，如图 2-37 所示。

③ 单击"确定"按钮，显示数据透视图的"字段列表"，如图 2-38 所示。

④ 在数据透视图"字段列表"中，选择或拖动"产品名称"到"行"，选择或拖动"月份"到"列"区域，选择或拖动"销售数量"到"值"区域，后续操作步骤与创建数据透视表类似，"第 3 季度家电产品销售数量"数据透视图的结果如图 2-39 所示。

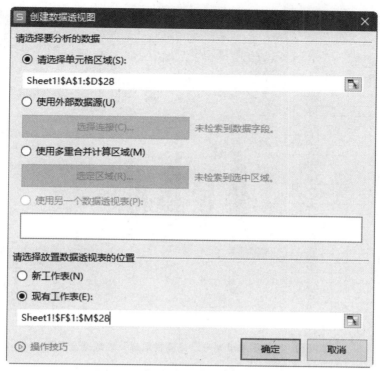

图 2-37 "创建数据透视图"对话框

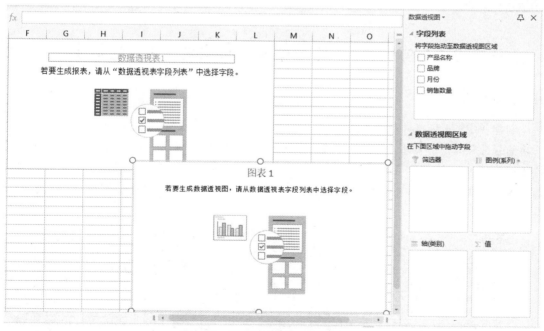

图 2-38 数据透视图"字段列表"

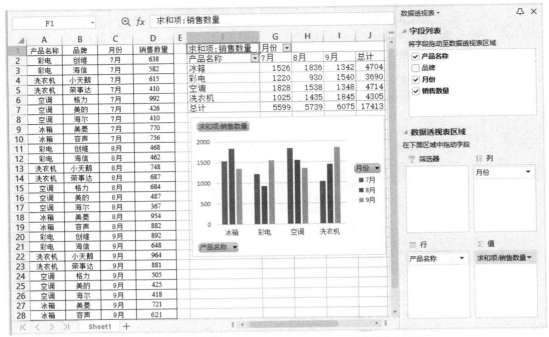

图 2-39 "第 3 季度家电产品销售数量"的数据透视图

【综合实战】

【任务 2-1】在 WPS 工作簿中输入与编辑"客户通信录 1"数据

【任务描述】

创建 WPS 工作簿"客户通信录 1.et"，在该工作表"Sheet1"中输入图 2-40 所示"客户通信录 1"数据。要求"序号"列数据"1~8"使用鼠标拖动填充方法输入，"称呼"列第 2 行到第 9 行的数据先使用命令方式复制填充，内容为"先生"，然后修改部分称呼不是"先生"的数据，其中，E7、E8 两个单元格中的"女士"文字使用鼠标拖动方式复制填充。

序号	客户名称	通讯地址	联系人	称呼	联系电话	邮政编码
1	蓝思科技（湖南）有限公司	湖南浏阳长沙生物医药产业基地	蒋鹏飞	先生	83285001	410311
2	高期贝尔数码科技股份有限公司	湖南郴州苏仙区高期贝尔工业园	谭琳	女士	82666666	413000
3	长城信息产业股份有限公司	湖南长沙经济技术开发区东三路5号	赵梦仙	先生	84932856	410100
4	湖南宏梦卡通传播有限公司	长沙经济技术开发区贺龙体校路27号	彭运泽	先生	58295215	411100
5	青苹果数据中心有限公司	湖南省长沙市青竹湖大道399号	高首	先生	88239060	410152
6	益阳搜空高科软件有限公司	益阳高新区迎宾西路	文云	女士	82269226	413000
7	湖南浩丰文化传播有限公司	长沙市芙蓉区嘉雨路187号	陈芳	女士	82282200	410001
8	株洲时代电子技术有限公司	株洲市天元区黄河南路199号	廖时才	先生	22837219	412007

图 2-40 客户通信录 1 的数据

【任务实施】

1. 创建 WPS 工作簿 "客户通信录 1.et"

① 启动 WPS，创建一个名为 "工作簿 1" 的空白工作簿。

② 在快速访问工具栏中单击 "保存" 按钮，弹出 "另存为" 对话框，在该对话框的 "文件名" 编辑框中输入文件名称 "客户通信录 1"，保存类型设置为 ".et"，保存位置设置为 "模块 2"，然后单击 "保存" 按钮进行保存。

2. 输入数据

在工作表 "Sheet1" 中输入图 2-40 所示的 "客户通信录 1" 数据，这里暂不输入 "序号" 和 "称呼" 两列的数据。

3. 自动填充数据

（1）自动填充 "序号" 列数据

在 "序号" 列的首单元格 A2 中输入数据 "1" 并确认，选中数据序列的首单元格，按住鼠标左键拖动填充柄到末单元格，自动生成步长为 1 的等差序列。

（2）自动填充 "称呼" 列数据

选定 "称呼" 列的首单元格 E2，输入起始数据 "先生"，选定序列单元格区域 E2:E9；然后在 "开始" 选项卡 "编辑" 组单击 "填充" 按钮，在弹出的下拉菜单中选择 "向下填充" 命令，系统自动将首单元格中的数据 "先生" 复制填充到选中的各个单元格中。

4. 编辑单元格中的内容

将单元格 E3 中的 "先生" 修改为 "女士"，将单元格 E7 中的 "先生" 修改为 "女士"，然后使用鼠标拖动方式将 E7 单元格的 "女士" 复制填充至 E8 单元格。

5. 保存 WPS 工作簿

在快速访问工具栏中单击 "保存" 按钮，对工作表输入的数据进行保存。

【任务 2-2】WPS 工作簿 "客户通信录 2.et" 格式设置与效果预览

【任务描述】

打开文件夹 "模块 2" 中的 WPS 工作簿 "客户通信录 2.et"，按照以下要求进行操作。

（1）在第 1 行之前插入 1 个新行，输入内容 "客户通信录"。

（2）使用 "单元格格式" 对话框设置第 1 行 "客户通信录" 的字体为 "宋体"、字号为 20、加粗，水平对齐方式设置为跨列居中，垂直对齐方式设置为居中。

（3）使用 "开始" 选项卡中的命令按钮设置其他行文字的字体为 "仿宋"、字号为 10，垂直对齐方式设置为居中。

（4）使用 "开始" 选项卡中的命令按钮将 "序号" 所在的工作表标题行数据的水平对齐方式设置为 "居中"。

（5）使用 "开始" 选项卡中的命令按钮将 "序号"、"称呼"、"联系电话" 和 "邮政编码"四列数据的水平对齐方式设置为"居中"。

（6）使用"开始"选项卡中的"数字格式"下拉菜单将"联系电话"和"邮政编码"两列数据设置为"文本"类型。

（7）使用"行高"对话框将第1行（标题行）的行高设置为35，其他数据行（第2行至第10行）的行高设置为20。

（8）使用"行和列"按钮下拉菜单中的命令将各数据列的宽度自动调整为至少能容纳单元格中的内容。

（9）使用"单元格格式"对话框的"边框"选项卡为包含数据的单元格区域设置边框线。

（10）设置纸张方向为"横向"，然后预览页面的整体效果。

【任务实施】

1. 打开WPS文件"客户通信录2.et"

2. 插入新行

（1）选中"序号"所在的标题行。

（2）在"开始"选项卡"行和列"按钮的下拉菜单中依次选择"插入单元格"→"在上方插入行"命令，完成在"序号"所在的标题行上边插入新行的操作。

（3）在新插入行的单元格A1中输入"客户通信录"。

3. 使用"单元格格式"对话框设置单元格格式

（1）选择A1至G1的单元格区域，单击右键，在弹出的快捷菜单中选择"设置单元格格式"命令，打开"单元格格式"对话框，切换到"字体"选项卡。在"字体"选项卡中依次设置字体为"宋体"、字形为"加粗"，字号为"20"。

（2）切换到"对齐"选项卡，设置水平对齐方式为"跨列居中"，垂直对齐方式为"居中"。设置完成后，单击"确定"按钮即可。

4. 使用"开始"选项卡中的命令按钮设置单元格格式

（1）选中A2至G10的单元格区域，然后在"开始"选项卡"字体"组中设置字体为"仿宋"，字号为"10"，在"对齐方式"组中单击"垂直居中"按钮，设置该单元格区域的垂直对齐方式为"居中"。

（2）选中A2至G2的单元格区域，即"序号"所在的标题行数据，然后在"对齐方式"组中单击"水平居中"按钮，设置该单元格区域的水平对齐方式为"居中"。

（3）选中A3至A10、E3至G10两个不连续的单元格区域，即"序号"、"称呼"、"联系电话"和"邮政编码"四列数据，然后在"对齐方式"组中单击"水平居中"按钮，设置两个单元格区域的水平对齐方式为"居中"。

（4）选中F3至G10的单元格区域，即"联系电话"和"邮政编码"两列数据，在"开始"选项卡中单击"数字格式"按钮，在弹出的下拉菜单中选择"文本"命令。

5. 使用"行高"对话框设置行高

（1）选中第1行（"客户通信录"标题行），单击右键，在弹出的快捷菜单中选择"行高"命令，打开"行高"对话框。在"行高"文本框中输入"35"，然后单击"确定"按钮即可。以同样的方法设置其他数据行（第 2 行至第 10 行）的行高为 20。

（2）选中 A 列至 G 列，然后在"开始"选项卡中单击"行和列"按钮，在弹出的下拉菜单中选择"最适合的列宽"命令即可。

6. 使用"设置单元格格式"对话框设置边框线

选中 A2 至 G10 的单元格区域，单击右键，在弹出的快捷菜单中选择"单元格格式"命令，打开"单元格格式"对话框。切换到"边框"选项卡，然后在该选项卡的"预置"区域中单击"外边框"和"内部"按钮，为包含数据的单元格区域设置边框线。

7. 页面设置与页面整体效果预览

（1）在"页面布局"选项卡中单击"纸张方向"按钮，在下拉菜单中选择"横向"命令。

（2）在 WPS 快速访问工具栏中单击"打印预览"按钮，在弹出的打印预览窗口中，即可预览页面的整体效果。

在快速访问工具栏中单击"保存"按钮，对工作表的格式设置进行保存。

【任务 2-3】产品销售数据处理与计算

【任务描述】

打开 WPS 工作簿"盛博易购电器商城产品销售统计表 1.et"，按照以下要求进行计算与统计。

（1）使用"开始"选项卡中的"自动求和"按钮，计算产品销售总数量，将计算结果存放在单元格 F31 中。

（2）在"编辑栏"常用函数列表中选择所需的函数，计算产品销售总额，将计算结果存放在单元格 G31 中。

（3）使用"插入函数"对话框和"函数参数"对话框计算产品的最高单价和最低单价，将计算结果分别存放在单元格 E33 和 E34。

（4）手工输入计算公式，计算产品平均销售额，计算结果存放在单元格 G35 中。

【任务实施】

打开 WPS 工作簿"盛博易购电器商城产品销售统计表 1.et"，然后完成以下操作。

1. 计算产品销售总数量

【方法 1】：将插入点定位在单元格 F31 中，在"开始"选项卡中单击"自动求和"按钮，此时自动选中"F3:F30"区域，且在单元格 F31 和编辑框中显示计算公式"=SUM(F3:F30)"，然后按【Enter】键或【Tab】键确认，也可以在"编辑栏"单击✓按钮确认，单元格 F31 中将显示计算结果为"1971"。

【方法 2】：先选定求和的单元格区域"F3:F30"，然后单击"自动求和"按钮，自动为单元格区域计算总和，计算结果显示在单元格 F31 中。

2. 计算产品销售总额

先选定单元格 G31，输入半角等号"="，然后在"编辑栏"中的"名称框"位置展开常用函数列表，在该函数列表中选择"SUM"函数，打开"函数参数"对话框，在该对话框的"数值 1"地址框中输入"G3:G30"，然后单击"确定"按钮即可完成计算，单元格 G31 显示计算结果为"11478050"。

3. 计算产品的最高单价和最低单价

（1）先选定单元格 E33，输入半角等号"="，然后在常用函数列表中选择函数"MAX"，打开"函数参数"对话框。在该对话框中单击"数值 1"地址框右侧的"折叠"按钮，折叠"函数参数"对话框，且进入工作表中，按住鼠标左键拖动鼠标选择单元格区域"E3:E30"该计算范围四周会出现 1 个框，同时"函数参数"对话框显示工作表中选定的单元格区域。

在折叠的"函数参数"对话框中单击输入框右侧的"返回"按钮，返回"函数参数"对话框，然后单击"确定"按钮，完成公式输入和计算。

在单元格 E33 中显示计算结果为"20349"。

（2）先选定单元格 E34，然后单击"编辑栏"中的"插入函数"按钮，在打开的"插入函数"对话框中选择函数"MIN"，打开"函数参数"对话框。在该对话框的"数值 1"地址框右侧的编辑框中直接输入计算范围"E3:E30"，也可以单击地址框右侧的"折叠"按钮在工作表中拖动鼠标选择单元格区域"E3:E30"，然后单击"返回"按钮返回"函数参数"对话框，最后单击"确定"按钮，完成数据计算。

在单元格 E34 中显示计算结果为"1079"。

4. 计算产品平均销售额

先选定单元格 G35，输入半角等号"="，然后输入公式"AVERAGE(G3:G30)"，在"编辑栏"中单击✓按钮确认即可。单元格 G35 显示计算结果为"409930.3571"。

在快速访问工具栏中单击"保存"按钮，对产品销售数据的处理与计算进行保存。

【任务 2-4】产品销售数据排序

【任务描述】

将 WPS 工作簿"盛博易购电器商城产品销售统计表 2.et"工作表"Sheet1"中的销售数据按"产品类型"升序和"销售额"降序进行排列。

【任务实施】

（1）打开 WPS 工作簿"盛博易购电器商城产品销售统计表 2.et"。

（2）选中工作表"Sheet1"中数据区域的任意一个单元格。

（3）在"开始"选项卡或者"数据"选项卡单击"排序"按钮，在弹出的下拉菜单中选择"自定义排序"命令，打开"排序"对话框。在该对话框中先选中"数据包含标题"复选框，然后在"主要关键字"下拉列表框中选择"产品类型"，在"排序依据"下拉列表框中选择"数值"，在"次序"下拉列表框中选择"升序"。

接着单击"添加条件"按钮，添加第二个排序条件，在"次要关键字"下拉列表框中选择"销售额"，在"排序依据"下拉列表框中选择"数值"，在"次序"下拉列表框中选择"降序"。

在"排序"对话框中单击"确定"按钮，关闭该对话框。系统即可根据选定的排序范围按指定的关键字条件重新排列记录。

在快速访问工具栏中单击"保存"按钮，对产品销售数据的排序进行保存。

【任务 2-5】产品销售数据筛选

【任务描述】

（1）打开 WPS 工作簿"盛博易购电器商城产品销售统计表 3.et"，在工作表"Sheet1"中筛选出单价在 3000 元以上（不包含 3000 元），5000 元以内（包含 5000 元）的洗衣机。

（2）打开 WPS 工作簿"盛博易购电器商城产品销售统计表 3.et"，在工作表"Sheet2"中筛选出单价 1000～4000 元（不包含 1000 元，但包含 4000 元），同时销售额在 20000 元以上的洗衣机与单价低于 8000 元的空调。

【任务实施】

1. 盛博易购电器商城产品销售数据的自动筛选

（1）打开 WPS 工作簿"盛博易购电器商城产品销售统计表 3.et"。

（2）在要筛选数据区域 A2:G30 中选定任意一个单元格。

（3）在"数据"选项卡单击"筛选"按钮，该按钮呈现选中状态，在工作表中每列的列标题右侧插入一个下拉箭头按钮 。

（4）单击列标题"单价"右侧的下拉箭头按钮 ，会出现一个"筛选"下拉列表。在该下拉列表中单击"数字筛选"按钮，在其下拉菜单中选择"自定义筛选"命令，打开"自定义自动筛选方式"对话框。

（5）在"自定义自动筛选方式"对话框中，将条件 1 设置为"大于 3000"，条件 2 设置为"小于或等于 5000"，逻辑运算符选择"与"，如图 2-41 所示。然后单击"确定"按钮。

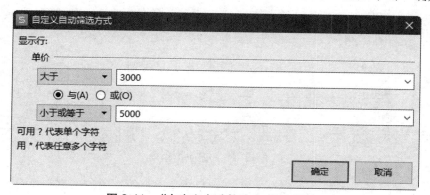

图 2-41　"自定义自动筛选方式"对话框

2. 盛博易购电器商城产品销售数据的高级筛选

（1）打开 WPS 工作簿"盛博易购电器商城产品销售统计表 3.et"，切换到工作表"Sheet2"。

（2）设置条件区域，在单元格 A32 中输入"产品类型"，在单元格 A33 中输入"洗衣机"，在单元格 A34 中输入"空调"；在单元格 E32 中输入"单价"，在单元格 E33 中输入条件">1000"，在单元格 E34 中输入条件"<8000"；在单元格 F32 中输入"单价"，在单元格 F33 输入条件"<=4000"；在单元格 G32 中输入"销售额"，在单元格 G33 输入条件">90000"，条件区域设置结果如图 2-42 所示。

32	产品类型			单价	单价	销售额
33	洗衣机			>1000	<=4000	>90000
34	空调			<8000		

图 2-42　工作表中设置的条件区域

（3）在待筛选数据区域 A2:G30 中选定任意一个单元格。

（4）在"开始"选项卡中单击"筛选"按钮下侧的箭头按钮，从下拉菜单中选择"高级筛选"命令，打开"高级筛选"对话框，在该对话框中进行以下设置。

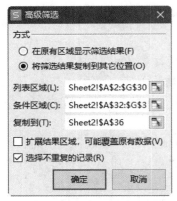

图 2-43　"高级筛选"对话框的设置结果

① 在"方式"区域选择"将筛选结果复制到其他位置"单选按钮。

② 在"列表区域"编辑框中利用"折叠"按钮在工作表中选择数据区域"Sheet2!$A$2: $G$30"。

③ 在"条件区域"编辑框中利用"折叠"按钮在工作表中选择条件区域"Sheet2!$A$32: $G$34"。

④ 在"复制到"编辑框中利用"折叠"按钮在工作表中选择存放筛选结果的起始单元格"Sheet2!$A$36"。

⑤ 选择"选择不重复的记录"复选框。

"高级筛选"对话框设置完成后，如图 2-43 所示。

⑥ 执行高级筛选。在"高级筛选"对话框中单击"确定"按钮，执行高级筛选。高级筛选的结果如图 2-44 所示。

36	产品类型	品牌名称	规格型号	单位	单价	销售数量	销售额
37	空调	格力(GREE)	3匹 新能效 变频冷暖	台	¥7,249.0	236	¥1,710,764.0
38	空调	美的(Midea)	新能效大3匹变频冷暖空调柜机	台	¥4,949.0	180	¥890,820.0
39	洗衣机	小天鹅(LittleSwan)	滚筒全自动10kg洗烘一体机	台	¥3,649.0	38	¥138,662.0
40	洗衣机	小天鹅(LittleSwan)	10kg波轮洗衣机全自动	台	¥2,049.0	56	¥114,744.0
41	洗衣机	小天鹅(LittleSwan)	迷你洗衣机全自动3kg波轮	台	¥1,349.0	89	¥120,061.0
42	洗衣机	美的(Midea)	8kg全自动波轮洗脱一体小型家用	台	¥1,249.0	74	¥92,426.0

图 2-44　高级筛选的结果

在快速访问工具栏中单击"保存"按钮，对产品销售数据的筛选进行保存。

【任务 2-6】产品销售数据分类汇总

【任务描述】

打开 WPS 工作簿"盛博易购电器商城产品销售统计表 4.et",在工作表"Sheet1"中按"产品类型"分类汇总"销售数量"的总数和"销售额"的总额。

【任务实施】

（1）打开 WPS 工作簿"盛博易购电器商城产品销售统计表 4.et"。

（2）对工作表中的数据按"产品类型"进行排序,即将要分类字段"产品名称"相同的记录集中在一起。

（3）选中待分类汇总的数据区域 A2:G30。

（4）在"数据"选项卡中单击"分类汇总"按钮,打开"分类汇总"对话框。

在"分类汇总"对话框中进行以下设置。

① 在"分类字段"下拉列表框中选择"产品类型"。

② 在"汇总方式"下拉列表框中选择"求和"。

③ 在"选定汇总项"下拉列表框中选择"销售数量"和"销售额"

④ "分类汇总"对话框底部的 3 个复选项都采用默认设置。

图 2-45　相关设置完成的"分类汇总"对话框

相关设置完成的"分类汇总"对话框如图 2-45 所示。

然后单击"确定"按钮,完成分类汇总。

单击工作表左侧的分级显示区顶端的 2 按钮,工作表中将只显示列标题、各个分类汇总结果和总计结果。

在快速访问工具栏中单击"保存"按钮,对产品销售数据的分类汇总进行保存。

【任务 2-7】创建与编辑产品销售情况图表

【任务描述】

（1）打开 WPS 工作簿"空调与冰箱销售情况展示.et",在工作表"Sheet1"中创建图表,图表类型为"簇状柱形图",图表标题为"第 1、2 季度产品销售情况",分类轴标题为"月份",数值轴标题为"销售额",且在图表中添加图例。图表创建完成后再对其格式进行设置。设置图表标题的字体为"宋体",大小为"12"。

（2）将图表类型更改为"带数据标记的折线图",并使用鼠标拖动方式调整图表大小和移动图表到合适的位置。

【任务实施】

1. 创建图表

（1）打开 WPS 工作簿"空调与冰箱销售情况展示.et"。

（2）选定需要建立图表的单元格区域 A2:G4。

（3）在"插入"选项卡中单击"插入柱形图"按钮，在弹出的下拉列表中选择"簇状柱形图"选项。创建的"簇状柱形图"如图 2-46 所示。

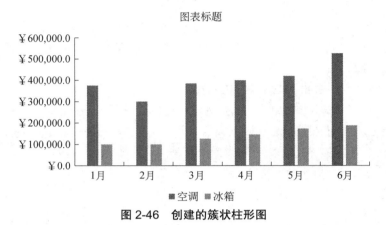

图 2-46　创建的簇状柱形图

在快速访问工具栏中单击"保存"按钮，对 WPS 工作簿进行保存。

2. 添加图表的坐标轴标题

（1）单击激活要添加标题的图表，这里选择前面创建的"簇状柱形图"。

（2）单击图表浮动工具栏中的"图表元素"按钮，在弹出的下拉菜单中选择"轴标题"复选框，如图 2-47 所示。

图 2-47　在"图表元素"下拉菜单中选择"轴标题"复选框

（3）在横向"坐标轴标题"文本框中输入"月份"，在纵向"坐标轴标题"文本框中输入"销售额"。

（4）设置坐标轴标题的字体为"宋体"，大小为"10"。

在快速访问工具栏中单击"保存"按钮，对 WPS 工作簿进行保存。

3. 添加图表标题

（1）单击激活要添加坐标轴标题的图表，这里选择前面创建的"簇状柱形图"。

（2）单击图表浮动工具栏中的"图表元素"按钮，在弹出的下拉菜单中选择"图表标题"复选框，在其级联菜单中选择"图表上方"选项。

（3）在图表区域"图表标题"文本框中输入合适的图表标题"第1、2季度产品销售情况"。

（4）设置图表标题的字体为"宋体"，大小为"12"。

在快速访问工具栏中单击"保存"按钮，对 WPS 工作簿进行保存。

4. 设置图表的图例位置

（1）单击激活要添加坐标轴标题的图表，这里选择前面创建的"簇状柱形图"。

（2）单击图表浮动工具栏中的"图表元素"按钮，在弹出的下拉菜单中选择"图例"复选框，在其级联菜单中选择"右"选项，如图 2-48 所示。

在快速访问工具栏中单击"保存"按钮，对 WPS 工作簿进行保存。

添加了坐标轴标题、图表标题的"簇状柱形图"如图 2-49 所示。

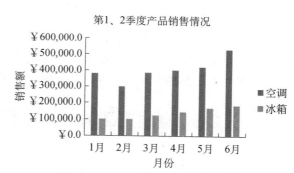

图 2-48　设置图表的图例位置　　　　图 2-49　添加了标题的簇状柱形图

在快速访问工具栏中单击"保存"按钮，对 WPS 工作簿进行保存。

5. 更改图表类型

（1）单击激活要更改类型的图表，这里选择前面创建的"簇状柱形图"。

（2）在"图表工具"选项卡中单击"更改类型"按钮，打开"更改图表类型"对话框。

（3）在"更改图表类型"对话框中选择一种合适的图表类型，这里选择"带数据标记的折线图"。

然后单击"确定"按钮，完成图表类型的更改，带数据标记的折线图如图 2-50 所示。

第1、2季度产品销售情况

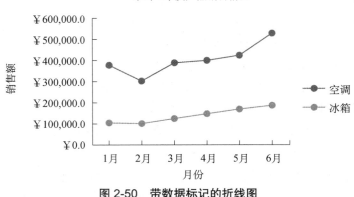

图 2-50　带数据标记的折线图

6. 缩放与移动图表

（1）单击激活图表，这里选择前面创建的图表。

（2）将鼠标指针移至右下角的控制点，当鼠标指针变成斜向双箭头时，拖动鼠标调整图表大小，直到满意为止。

（3）将鼠标指针移至图表区域，按鼠标左键将图表移动到合适的位置。

7. 将图表移至工作簿的其他工作表中

选中图表，在"图表工具"选项卡中单击"移动图表"按钮，在弹出的"移动图表"对话框中选择"新工作表"单选按钮，新工作表的名称采用默认名称"Chart1"，然后单击"确定"按钮，自动创建新工作表"Chart1"，且将图表移至工作表"Chart1"中。

在快速访问工具栏中单击"保存"按钮，对 WPS 工作簿进行保存。

【任务 2-8】创建产品销售数据透视表

【任务描述】

打开 WPS 工作簿"空调与冰箱销售统计表 1.et"，创建数据透视表，将工作表"Sheet1"中的销售数据按"业务员"将每种"产品"的销售额进行汇总求和，并存入新建工作表 Sheet2 中。根据数据透视表分析以下问题：

（1）空调与冰箱总销售额各是多少？

（2）各业务员中谁的业绩（销售额）最好？谁的业绩（销售额）最差？

（3）业务员简洁的空调销售额为多少？

【任务实施】

1. 创建数据透视表

（1）打开 WPS 工作簿"空调与冰箱销售统计表 1.et"。

（2）在"插入"选项卡中单击"数据透视表"按钮，打开"创建数据透视表"对话框。

（3）在"创建数据透视表"对话框的"请选择要分析的数据"区域选择"请选择单元

格区域"单选按钮，然后在"单元格区域"地址编辑框中直接输入数据源中单元格区域的地址，或者单击地址编辑框右侧的"折叠"按钮，折叠该对话框，在工作表中拖动鼠标选择数据区域，例如"A2:C12"，所选中区域的绝对地址值"$A$2:$C$12"在折叠对话框的编辑框中显示。在折叠对话框中单击"返回"按钮，返回折叠之前的对话框。

（4）在"创建数据透视表"对话框的"请选择放置数据透视表的位置"区域选择"新工作表"单选按钮。

如果数据较少，这里也可以选择"现有工作表"单选按钮，然后在"位置"编辑框中输入放置数据透视表的区域地址。

（5）在"创建数据透视表"对话框中单击"确定"按钮，进入数据透视表设计环境。即在指定的工作表位置创建了一个空白的数据透视表框架，同时在其右侧显示一个"数据透视表"窗格。

（6）在"数据透视表"窗格中，从"字段列表"列表框中选中且将"产品类型"字段拖动到"数据透视表区域"的"行"区域中；选中且将"业务员姓名"拖动到"列"区域中；选中且将"销售额"字段拖动到"值"区域中。添加了对应字段的"数据透视表"窗格如图 2-51 所示。

（7）在"数据透视表"窗格"数据透视表区域"栏右下方的"值"框中单击"求和项:销售额"按钮，在弹出的下拉菜单中选择"值字段设置"命令。在弹出的"值字段设置"对话框中选择"值字段汇总方式"列表框中的"求和"选项。

然后单击左下角的"数字格式"按钮，打开"单元格格式"对话框，在该对话框左侧"分类"列表框中选择"数值"选项，"小数位数据"设置为"1"，接着单击"确定"按钮返回"值字段设置"对话框。

图 2-51　添加了对应字段的
"数据透视表"窗格

在"值字段设置"对话框中单击"确定"按钮，完成数据透视表的创建。

（8）设置数据透视表的格式。

将光标置于数据透视表区域的任意单元格，切换到"设计"选项卡，在"数据透视表样式"区域中选择一种合适的表格样式，这里选择"数据透视表样式浅色 24"表格样式，如图 2-52 所示。

图 2-52　在"设计"选项卡中选择一种数据透视表样式

创建的数据透视表的最终效果如图 2-53 所示。

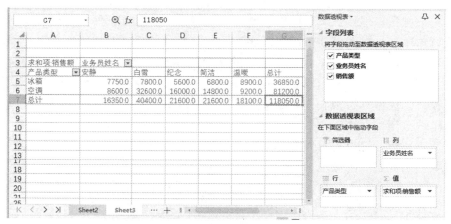

图 2-53　数据透视表的效果

由图 2-53 所示的数据透视表可知以下结果。

（1）空调与冰箱总销售额各是 81200.0 元、36850.0 元。

（2）各业务员中白雪的业绩最好，销售额为 40400.0 元。安静的业绩最差，销售额为 16350.0 元。

（3）业务员简洁的空调销售额为 14800.0 元。

2. 编辑数据透视表

切换到"分析"选项卡，利用该选项卡中的命令可以对创建的"数据透视表"进行多项设置，也可以对"数据透视表"进行编辑修改。

数据透视表的编辑包括增加与删除数据字段、改变统计方式、改变透视表布局等方面，大部分操作都可以借助"分析"选项卡中的命令按钮完成。

（1）增加或删除数据字段

在"分析"选项卡中单击"字段列表"按钮，显示"数据透视表"窗格，可以将所需字段拖动到相应区域。

（2）改变汇总方式

在"分析"选项卡中单击"字段设置"按钮，打开"值字段设置"对话框，在该对话框中可以更改汇总方式。

（3）更改数据透视表选项

在"分析"选项卡单击"选项"按钮，打开"数据透视表选项"对话框，在该对话框中可以更改相关设置。

【课后习题】

1. 选择题

（1）WPS 表格工作表编辑栏中的名称框显示的是（　　　）。

A. 当前单元格的内容　　　　　　　　　　B. 单元格区域的地址名字

C. 单元格区域的内容　　　　　　　　D. 当前单元格的地址名字

（2）在 WPS 表格中，在"排序"对话框中选择"数据包含标题"单选按钮时，该标题行（　　　）。

A. 将参加排序　　　　　　　　　　　B. 将不参加排序

C. 位置总在第一行　　　　　　　　　D. 位置总在最后一行

（3）在 WPS 表格操作中，选定单元格时，可选定连续区域或不连续区域单元格，其中有一个当前单元格，它是以（　　　）标识的。

A. 黑底色　　　　　　　　　　　　　B. 粗边框

C. 高亮度条　　　　　　　　　　　　D. 亮白色

（4）单元格的格式（　　　）。

A. 一旦确定，将不能改变

B. 随时都能改变

C. 根据输入数据的格式而定，不可随意改变

D. 更改后将不能改变

（5）在单元格中输入数字字符 430100（邮政编码）时，应输入（　　　）。

A. 300100　　　　　B. "300100"　　　　C. '300100　　　　　D. 300100'

（6）单元格地址 E6 表示的是（　　　）。

A. 第 7 列的单元格

B. 第 6 行第 5 列相交处的单元格

C. 第 5 行第 6 列相交处的单元格

D. 第 6 行的单元格

（7）在 WPS 表格中，一个新工作簿默认有（　　　）个工作表。

A. 1　　　　　　　　B. 3　　　　　　　　C. 2　　　　　　　　D. 16

（8）WPS 表格编辑栏中的"×"按钮的含义是（　　　）。

A. 不能接收数学公式　　　　　　　　B. 确认输入的数据或公式

C. 取消输入的数据或公式　　　　　　D. 无意义

（9）WPS 表格编辑栏中的"="的含义是（　　　）。

A. 确认按钮　　　B. 等号按钮　　　C. 编辑公式按钮　　　D. 取消按钮

（10）编辑栏中的"√"按钮表示（　　　）。

A. 确认输入的数据或公式　　　　　　B. 无意义

C. 取消输入的数据或公示　　　　　　D. 编辑公式

（11）在当前单元格中引用 B5 单元格地址，相对地址引用是（　　　）。

A. B5　　　　　　　B. $B5　　　　　　C. $B5　　　　　　　D. $B$5

（12）在 WPS 表格中，公式必须以（　　　）开头。

A. 文字　　　　　　B. 字母　　　　　　C. =　　　　　　　　D. 数字

（13）在 WPS 表格中，下列（　　　）方式是单元格的绝对引用。

A. A2　　　　　　　B. A$2　　　　　　C. $A$2　　　　　　D. $A2

（14）在默认的情况下，WPS 表格把输入的文本当作字符，并且（　　　）。

A. 沿单元格靠中间对齐   B. 沿单元格靠左对齐

C. 沿单元格靠右对齐   D. 任何地方

（15）在工作表中，如果在某一单元格中输入内容为 3/5，WPS 表格认为是（   ）数据。

A. 文字型   B. 日期型   C. 数值型   D. 逻辑型

（16）在单元格中输入（   ）使该单元格显示 0.4。

A. 8/20   B. =8/20   C. "8/20"   D. = "8/20"

（17）在 WPS 表格中，不存在（   ）选项卡。

A. 插入   B. 图表   C. 审阅   D. 视图

（18）在 WPS 表格中，选取多个连续的工作表，按下（   ）键，并通过鼠标分别单击要选取的工作表标签。

A. Delete   B. Shift   C. Ctrl   D. Esc

（19）在编辑 WPS 表格工作表时，如输入分数 1/6 应先输入（   ），再输入分数。

A. 空格、   B. /   C. 1   D. 0 空格

（20）在单元格中输入当前的日期只需按（   ）组合键。

A. Ctrl +;   B. Shift +;   C. Ctrl +:   D. Shift +:

（21）在单元格中输入文本后，按（   ）组合键，可实现在当前活动单元格内换行。

A. Esc + Enter   B. Alt + Enter   C. Ctrl + Enter   D. Shift + Enter

（22）在单元格内输入当前的时间只需按（   ）组合键。

A. Ctrl+Shift+;   B. Alt + ;   C. Ctrl + :   D. Esc + :

（23）在某一单元格内输入数值 5:6，系统将按（   ）对待。

A. 日期   B. 时间   C. 文字   D. 数值

（24）单元格区域 B2:C5 包含（   ）个单元格。

A. 2   B. 4   C. 8   D. 10

（25）在 WPS 表格中，"A4:B5" 代表（   ）单元格。

A. A4、A5   B. A4、A5、B4、B5

C. B4、B5   D. A4、B5

（26）在 WPS 表格中，"A4,B5" 代表（   ）单元格。

A. A4、B5   B. A4、A5、B4、B5

C. A4、A5   D. B4、B5

（27）WPS 表格中，图表是数据的一种视觉表示形式，图表是动态的，改变了图表中（   ）后，WPS 表格会自动更改图表。

A. X 轴的数据   B. Y 轴的数据

C. 相依赖的工作表的数据   D. 标题

（28）在 WPS 表格中，（   ）单元格可能拆分。

A. 几个   B. 合并过的   C. 活动   D. 任意

（29）输入数值时，WPS 表格的默认形式是数字（   ）。

A. 在单元格中的任何位置   B. 在单元格中左对齐

C. 在单元格中右对齐　　　　　　　　D. 在单元格的中间

（30）在 WPS 表格中，单元格中的文本对齐方式可通过（　　）选项卡完成。

A. 开始　　　　　　B. 视图　　　　　C. 页面布局　　　D. 数据

（31）在公式中使用了 WPS 表格所不能识别的文本时，单元格将显示错误值，该值以（　　）开头。

A. %　　　　　　　B. @　　　　　　　C. ￥　　　　　　D. #

（32）组成 WPS 表格工作表的最基本单元是（　　）。

A. 工作表　　　　　B. 当前单元格区域　C. 单元格　　　　D. 工作簿

（33）在 WPS 表格中，选定若干不相邻单元格区域的方法是按下（　　）键配合鼠标操作。

A. Ctrl　　　　　　B. Shift + Ctrl　　　C. Alt + Shift　　　D. Esc

（34）对单元格中的公式进行复制时，（　　）地址会发生变化。

A. 相对地址中的偏移量发生变化　　　　B. 相对地址所引用的单元格

C. 绝对地址中的地址表达式　　　　　　D. 绝对地址所引用的单元格

（35）在 WPS 表格的活动单元格中输入"1/5"，默认情况下单元格内显示的是（　　）。

A. 小数 0.2　　　　B. 分数 1/5　　　　C. 日期 1 月 5 日　　D. 百分数 20%

（36）在 WPS 表格中，可使用（　　）中的命令给选定的单元格加边框。

A. "视图"选项卡　　　　　　　　　　B. "开始"选项卡

C. "插入"选项卡　　　　　　　　　　D. "页面布局"选项卡

（37）在 WPS 表格中，如果"A1:A5"单元格的值依次为 10、15、20、25、30，则 AVERAGE(A1:A5)的值为（　　）。

A. 15　　　　　　　B. 20　　　　　　　C. 25　　　　　　D. 30

（38）在 WPS 表格中，默认的显示格式为居中的是（　　）。

A. 数值型数据　　　　　　　　　　　　B. 字符型数据

C. 逻辑型数据　　　　　　　　　　　　D. 不确定

（39）在 WPS 表格中，对选定的单元格执行"全部清除"命令，则可以清除（　　）。

A. 单元格格式　　　　　　　　　　　　B. 单元格的内容

C. 单元格的批注　　　　　　　　　　　D. 以上都可以

（40）在 WPS 表格中，当前活动单元格为"B2"，在公式栏中输入"="2021-1-27"-"2021-1-7""，则"B2"单元格的显示（　　）。

A. #VALUE!，表示输入错误　　　　　　B. "2021-1-27"-"2021-1-7"，左对齐

C. 20，左对齐　　　　　　　　　　　　D. 20，右对齐

（41）在 WPS 表格中，对单元格地址进行绝对引用，正确的方法是（　　）。

A. 在单元格地址前加"$"

B. 在单元格地址后加"$"

C. 在构成单元格地址的字母和数字前分别加"$"

D. 在构成单元格地址的字母和数字间加"$"

（42）在 WPS 表格中，工作簿窗口的拆分的形式为（　　）。

A. 水平拆分　　　　　　　　　　　　　B. 垂直拆分

C. 水平、垂直同时拆分　　　　　　　　D. 以上全部

（43）在 WPS 表格的工作表中，可以选择一个或一组单元格，其中活动单元格是指（　　　）。

A. 1 列单元格　　　　　　　　　　　　B. 1 行单元格

C. 1 个单元格　　　　　　　　　　　　D. 被选单元格

（44）在 WPS 表格的公式运算中，如果要引用第 6 行的绝对地址，第 4 列的相对地址，则地址表示为（　　　）

A. D$6　　　　　B. D6　　　　　C. $D$6　　　　　D. $D6

（45）使用 WPS 表格创建的工作表，不可以直接（　　　）。

A. 保存为 WPS 表格文件（*.et）　　　B. 保存为 Excel 文件（*.xlsx）

C. 输出为 PDF 文件　　　　　　　　　D. 保存为 Access 数据库文件（*.mdb）

（46）在 WPS 表格中，位于第 3 行第 4 列的单元格的名称为（　　　）。

A. C4　　　　　B. 4C　　　　　C. D3　　　　　D. 3D

（47）要实现 WPS 表格单元格中内容的换行，可以（　　　）。

A. 使用快捷键【Alt】＋【Enter】　　　B. 使用【Enter】键

C. 使用【Tab】键　　　　　　　　　　D. 使用方向键

（48）WPS 表格单元格值的数据类型不包括（　　　）。

A. 数字　　　　　B. 公式　　　　　C. 逻辑值　　　　　D. 文本

（49）下列关于 WPS 表格单元格的数据格式的说法中，错误的是（　　　）。

A. 输入日期时，只有用英文斜杠"/"分隔年月日时，才可以自动识别日期

B. 文本型格式会将数字作为字符串处理

C. 特殊格式可以将数字转换成人民币大写

D. 分数格式可以将数值转化为分数

（50）下列关于在 WPS 表格中设置单元格数据有效性的说法中，错误的是（　　　）。

A. 对于整数，可以限制数据取值范围

B. 对于日期，可以限制开始日期和结束日期

C. 可以限制输入文本的长度

D. 不能将某个序列作为单元格数据源

（51）以下关于 WPS 表格填充功能的说法中，错误的是（　　　）。

A. 不能按自定义序列填充

B. 对于整数，可以按等差数列填充

C. 对于日期，可以按日、月、年方式填充

D. 使用填充句柄可以实现有规律的填充

（52）在 WPS 工作表中进行输入时，可以执行的操作为（　　　）。

A. 按【Enter】键，跳到下一列输入

B. 按【Tab】键，跳到下一行输入

C. 双击列标交叉处，快速调整数据显示格式

D. 选中单元格，将鼠标指针放置在单元格右下角，出现＋形状的填充句柄时，按住鼠标左键拖动鼠标向下移动即可填充数据

（53）以下关于 WPS 表格中快捷键的使用的说法中，正确的是（　　　）。

A. 在选定区域后，按【Ctrl】+【D】快捷键，能实现数据的快速复制

B. 按【Ctrl】+【Z】快捷键，可以撤销上一步操作

C. 按【Ctrl】+【A】快捷键，可以弹出"定位"对话框

D. 按【Ctrl】+【,】快捷键，可以插入当前日期

（54）下列关于 WPS 表格行高和列宽的调整的说法中，错误的是（　　　）。

A. 将鼠标指针定位到行号/列标分界线拖动，可以调整所有的行高/列宽

B. 全选工作表后，任意改变一个行高和列宽，整个表格的行高和列宽都会同样调整

C. 在"开始"选项卡中依次选择"行和列"→"行高"命令，在打开的"行高"对话框中输入合理的行高值，可以将行高调整为指定高度

D. 当输入的数值大于单元格宽度时，双击列标右侧分界线，可以让单元格内容显示最合适的列宽。

（55）关于 WPS 表格中的查找功能，以下说法中错误的是（　　　）。

A. 可以在工作簿中跨工作表进行查找

B. 可以查找公式

C. 查找时可以区分大小写

D. 可以按字体颜色进行查找

（56）以下关于 WPS 表格中 COUNT 函数的说法中，正确的是（　　　）。

A. COUNT 函数用于统计非空单元格个数

B. COUNT 函数用于统计区域内符合某一指定条件的单元格数目

C. COUNT 函数不会对逻辑值、文本或错误值进行计数

D. COUNT 函数用于统计区域中包含数字、日期的单元格的个数

（57）以下关于 WPS 表格的筛选功能的说法中，错误的是（　　　）。

A. 只能按文本筛选　　　　　　　　　　B. 可以按数字筛选

C. 可以按日期筛选　　　　　　　　　　D. 可以按内容筛选

（58）以下关于 WPS 表格的高级筛选功能的说法中，错误的是（　　　）。

A. 分为列表区域和条件区域

B. 在设置多个筛选条件时，如果两个条件是"或"关系，它们需要位于同一行

C. 可以将筛选结果复制到其他位置

D. 条件区域用来设置筛选条件

（59）单元格区域 C2:E9 中共有（　　　）个单元格。

A. 24　　　　　　　B. 30　　　　　　　C. 28　　　　　　　D. 20

（60）在 WPS 表格中，定义某单元格的格式为 0.00，在其中输入"=0.667"，确定后单元格内显示（　　　）。

A. FALSE　　　　　　B. 0.665　　　　　　C. 0.66　　　　　　D. 0.67

（61）在 WPS 表格的工作表中，若单元格 A1=20、B1=32、A2=15、B2=7，当在单元格

C1 中输入公式"=A1*B1"时，将此公式复制到 C2 单元格则其值是（   ）。

  A. 640   B. 105   C. 140   D. 224

（62）在 WPS 表格的工作表中，单元格 D5 中有公式"=$B$2+C4"，删除第 A 列后，单元格 D5 中的公式为（   ）。

  A. =$A$2+B4   B. =$B$2+B4   C. =$A$2+C4   D. =$B$2+C4

（63）下列不属于 WPS 表格图表对象的是（   ）。

  A. 图表区   B. 分类轴   C. 公式   D. 标题

（64）在 WPS 表格中，通过"页面设置"对话框的（   ）选项卡可以设置页眉与纸张边缘的距离。

  A. 页面   B. 页眉/页脚   C. 页边距   D. 工作表

（65）WPS 中按列简单排序是指对选定的数据按照所选定数据的第（   ）列数据作为排序关键字进行排序的方法。

  A. 1   B. 2   C. 任意   D. 最后

（66）在 WPS 表格中设置高级筛选区域时，将具有"与"关系的复合条件应写在（   ）行中。

  A. 相同   B. 不同   C. 任意   D. 间隔

（67）在 WPS 表格中执行降序排列，在序列中空白单元格被（   ）。

  A. 放置在排序数据的最后   B. 放置在排序数据的最前

  C. 不被排序   D. 保持原始次序

2. 填空题

（1）在 WPS 表格工作簿中，如果要选择多个不相邻的工作表，可以在按住（   ）键时分别单击各个工作表的标签。

（2）在 WPS 表格中，函数 LEFT("有志者事竟成", 3)的结果为（   ）。

（3）在 WPS 表格中，单元格的引用有（   ）、（   ）和混合引用。

（4）如果只需删除图表中的数据系列，可以在图表中选定要删除的数据系列后按（   ）键。

（5）在对数据进行分类汇总前，必须对数据区域进行（   ）操作。

模块 3　WPS Office 演示文稿设计与制作

WPS 演示文稿是一种辅助表达的工具，其目的是让演示文稿的受众者能够快速地抓住表达的要点和重点。因此，好的演示文稿一定要思路清晰、逻辑明确、重点突出、观点鲜明，这是最基本的要求。幻灯片的排版布局要注重易读性和美观性，幻灯片中不宜出现大段文字，可以将表达的观点用关键字凝练出来，然后使用图片、形状展示 WPS 幻灯片画面的整体美感。常见的幻灯片排版布局的方式有 3 种，即轴心式布局、左右布局以及上下布局。

【技能训练】

【技能训练 3-1】演示文稿基本操作

选择合适方法完成以下各项操作。

【操作 1】：创建演示文稿。

启动 WPS 时，创建一个新的演示文稿。

【操作 2】：保存演示文稿。

将新创建的演示文稿以名称"WPS 演示文稿基本操作 1.pptx"予以保存，保存位置为"模块 3"。

【操作 3】：关闭演示文稿"WPS 演示文稿基本操作 1.pptx"。

【操作 4】：打开演示文稿。

再一次打开演示文稿"WPS 演示文稿基本操作 1.pptx"，然后另存为"WPS 演示文稿基本操作.dps"。

【操作 5】：退出 WPS。

切换到演示文稿"WPS 演示文稿基本操作 1.dps"，然后退出 WPS。

【技能训练 3-2】幻灯片基本操作

选择合适方法完成以下各项操作。

【操作 1】：添加幻灯片。

启动 WPS 时，打开演示文稿"幻灯片基本操作.pptx"。在该演示文稿第一张幻灯片之前、中间位置、最后一张幻灯之后添加多张"标题幻灯片"，并在"标题"占位符位置分别输入字母序号"A"、"B"、"C"、"D"等。

【操作 2】：选定幻灯片。

（1）选定单张幻灯片。

（2）选定多张连续的幻灯片。

（3）选定多张不连续的幻灯片。

（4）选择所有幻灯片。

【操作 3】：移动幻灯片。

将含有字母"B"的幻灯片移动到含有字母"C"的幻灯片之后。

【操作 4】：复制幻灯片。

复制含有字母"A"和"C"的幻灯片，然后选择合适位置进行粘贴。

【操作 5】：删除幻灯片。

删除刚才复制的 2 张幻灯片。

【技能训练 3-3】幻灯片中输入与编辑文字

选择合适方法完成以下操作。

【操作 1】：创建并打开演示文稿"品经典诗句、悟人生哲理.pptx"，在该演示文稿中添加多张幻灯片，各张幻灯片的版式可以分别选择"标题幻灯片版式"、"标题和内容版式"、"仅标题版式"、"竖排标题与文本版式"和"空白版式"。

【操作 2】：在各张幻灯片中输入 WPS 文档"品经典诗句、悟人生哲理.wps"中的名言名句。

【技能训练 3-4】幻灯片中插入与设置文本框

选择合适方法完成以下操作。

【操作 1】：创建并打开演示文稿"幻灯片中插入与设置文本框.pptx"，在该演示文稿中添加 1 张幻灯片，该幻灯片采用"空白"版式。

【操作 2】：绘制横排文本框，在文本框中输入文字"勿以恶小而为之，勿以善小而不为"。

【操作 3】：设置文本框中文字的格式。

【技能训练 3-5】幻灯片中插入与设置图片

选择合适方法完成以下操作。

【操作 1】：创建并打开演示文稿"幻灯片中插入与设置图片.pptx"，在该演示文稿中添加多张幻灯片，各张幻灯片的版式可以分别选择"两栏内容版式"、"图片与标题版式"、"内容版式"、"空白版式"等。

【操作 2】：在各张幻灯片中分别插入文件夹"模块 3"中的图片"芦苇海.jpg"、"树正群海.jpg"、"五花海.jpg"、"夏日清凉绿意深.jpg"、"一湖平静倒影起.jpg"。

【技能训练 3-6】幻灯片中插入设置形状

创建并打开演示文稿"幻灯片中插入与设置形状.pptx",在该演示文稿中添加一张"仅标题"版式的幻灯片,在该幻灯片中绘制如图 3-1 所示图形。

操作步骤如下。

① 在"开始"选项卡或者"插入"选项卡"新建幻灯片"按钮下拉列表中选择"仅标题"的母版版式,如图 3-2 所示。新建 1 张"仅标题"版式的幻灯片,如图 3-3 所示。

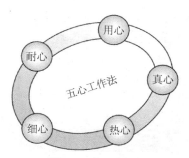

图 3-1　自制图形

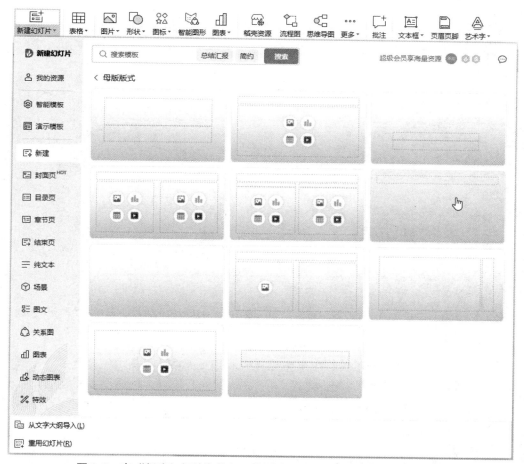

图 3-2　在"新建幻灯片"按钮下拉列表中选择"仅标题"的母版版式

② 切换到"插入"选项卡,单击"形状"按钮,从下拉列表中选择"同心圆"选项,然后按住鼠标左键拖曳,绘制一个合适的"同心圆"对象,如图 3-4 所示。

图 3-3 "仅标题"版式的幻灯片

③ 拖曳黄色句柄调整同心圆的厚度，拖曳旋转箭头句柄调整同心圆的角度，拖曳白色句柄调整同心圆的大小，对同心圆的厚度、角度和大小进行调整后的同心圆如图 3-5 所示。

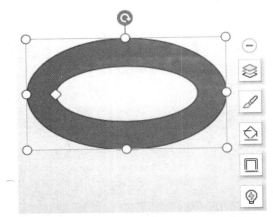

图 3-4 幻灯片中绘制的"同心圆"形状

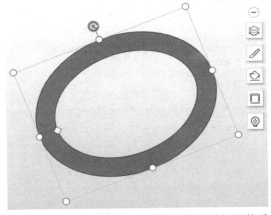

图 3-5 对同心圆的厚度、角度和大小进行调整后的同心圆

④ 右击同心圆，在弹出的快捷菜单中选择"设置对象格式"命令，打开"对象属性"窗格。在"对象属性"窗格"形状选项"-"填充与线条"选项卡中选中"渐变填充"单选按钮，然后在"渐变样式"选项中选择"线性渐变"，在下拉列表框中选择"右上到左下"选项，如图 3-6 所示。

⑤ 切换到"插入"选项卡，单击"形状"按钮，从下拉列表中选择"椭圆"，然后按住【Shift】键绘制正圆，如图 3-7 所示。

⑥ 右击正圆，在弹出的快捷菜单中选择"设置对象格式"命令，打开"对象属性"窗格。在"形状选项"-"填充与线条"选项卡中选中"渐变填充"单选按钮，然后在"渐变样式"选项中选择"射线渐变"，在下拉列表中选择"中心辐射"，如图 3-8 所示。

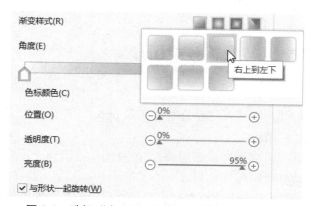

图 3-6　选择"右上到左下"的"线性渐变"填充

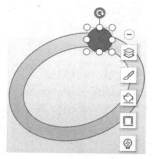

图 3-7　绘制 1 个正圆

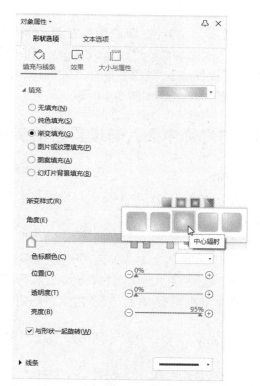

图 3-8　在"射线渐变"下拉列表中选择"中心辐射"

⑦ 复制该正圆，然后分别粘贴 5 次，沿同心圆放置，结果如图 3-1 所示。

⑧ 右击同心圆，在弹出的快捷菜单中选择"编辑文字"命令，在其中输入文字"五心工作法"，设置字体为"微软雅黑"、字形为"加粗"、字号为"24"、颜色为"黑色"。

⑨ 右击正圆，从弹出的快捷菜单中选择"编辑文字"命令，在其中输入文字"用心"，设置字体为"微软雅黑"、字形为"加粗"、字号为"14"、颜色为"黑色"。

使用同样的方法，在其他 4 个正圆中分别输入文字"真心"、"热心"、"细心"、"耐心"，同样设置字体为"微软雅黑"、字形为"加粗"、字号为"14"、颜色为"黑色"。最终的设置结果如图 3-1 所示。

【技能训练 3-7】幻灯片中插入与设置智能图形

选择合适方法完成以下操作。

【操作 1】：创建并打开演示文稿"幻灯片中插入与设置智能图形.pptx"，在该演示文稿中添加 1 张幻灯片，该幻灯片采用"空白"版式。

【操作 2】：在幻灯片中插入智能图形"垂直图片重点列表"，垂直图片重点列表项数量为 4 项，颜色选择"彩色"系列。

【操作 3】：在"垂直图片重点列表"智能图形的各个编辑框中依次输入文字"活动主题"、"活动目的"、"活动过程"和"预期效果"。

【操作 4】：在智能图形左侧小圆形中分别插入图片"数字1.jpg"、"数字 2.jpg"、"数字 3.jpg"和"数字 4.jpg"。

【操作 5】：调整智能样式的大小和位置，幻灯片中插入智能图形的最终效果如图 3-9 所示。

图 3-9　幻灯片中插入智能图形的最终效果

【技能训练 3-8】幻灯片中插入与设置艺术字

选择合适方法完成以下操作。

【操作 1】：创建并打开演示文稿"幻灯片中插入与设置艺术字.pptx"，在该演示文稿中添加 1 张幻灯片，该幻灯片采用"空白"版式。

【操作 2】：在幻灯片中插入艺术字"五彩缤纷，湖山同色"，设置艺术字的样式为"填充-中宝石碧绿,着色 3,粗糙"，艺术字的文本效果为"中宝石碧绿,11pt 发光,着色 3"

【操作 3】：在幻灯片中插入艺术字"秀美婉约，灵动优雅"，设置艺术字的样式为"填充-珊瑚红,着色 5,轮廓-背景 1,清晰阴影-着色 5"，艺术字的阴影透视效果为"右上对角透视"

插入艺术字的最终效果如图 3-10 所示。

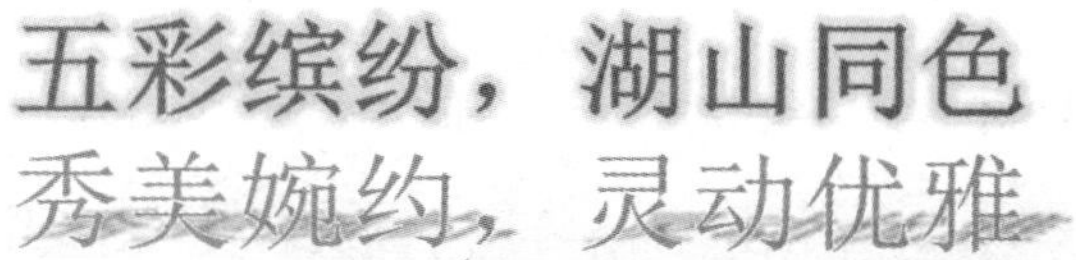

五彩缤纷，湖山同色
秀美婉约，灵动优雅

图 3-10　幻灯片中插入艺术字的最终效果

【技能训练 3-9】利用表格绘制设计形状

新建 WPS 演示文稿"利用表格绘制设计形状.pptx"，在该演示文稿中利用表格绘制阶梯形状。

【操作提示】

（1）插入一个 2 行 3 列的表格

在演示文稿"利用表格绘制设计形状.pptx"中添加 1 张幻灯片，并在该幻灯片中插入一张 2 行 3 列的常规表格。

（2）设置行高和列宽

将表格的行高设置为 1.5 厘米，列宽设置为 3.5 厘米。

（3）设置框线

将第 1 列第 2 个单元格和第 2 列的第 1 个单元格的下框线与右框线、第 3 列第 1 单元格上框线设置为"2.25 磅红色实线"，其他框线取消，设置完成后形成阶梯形外观如图 3-11 所示。

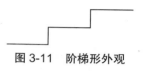

图 3-11　阶梯形外观

【技能训练 3-10】制作与美化 WPS 幻灯片中的图表

新建 WPS 演示文稿"制作与美化 WPS 幻灯片中的图表.pptx"，选择合适方法完成以下操作。

20××年用户数量增长情况如表 3-1 所示，应用"活跃用户数量"数据在幻灯片中绘制"带数据标记的折线图"，如图 3-12 所示。

表 3-1　20××年用户数量增长情况

月份	活跃用户数量
2 月	2
4 月	8
6 月	18
8 月	23
10 月	25
12 月	40

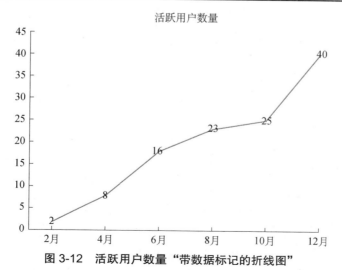

图 3-12　活跃用户数量"带数据标记的折线图"

【技能训练 3-11】幻灯片中插入音频文件

图 3-13　"插入"选项卡"音频"按钮的下拉列表

创建并打开 WPS 演示文稿"幻灯片中插入音频文件.pptx"，在该演示文稿中添加音频文件的操作步骤如下。

① 显示需要插入声音的幻灯片。

② 切换到"插入"选项卡，单击"音频"按钮或单击其下方的箭头按钮，在下拉列表中包含了插入音频的 4 种方式，分别为"嵌入音频"、"链接到音频"、"嵌入背景音乐"和"链接背景音乐"，如图 3-13 所示，从中选择一种插入音频的方式即可，这里选择"嵌入音频"命令。

③ 弹出"插入音频"对话框，定位到需要插入的音频文件所在的文件夹，选中相应的音频文件，这里选择"背景音乐.mp3"，如图 3-14 所示。然后单击"打开"按钮。

④ 插入音频文件后，会在幻灯片中显示一个小喇叭声音图标和音频播放控制条，如图 3-15 所示。在幻灯片放映时，音频文件对应的小喇叭图标通常会显示在画面中，为了不影响播放效果，通常将该图标移到幻灯片非醒目位置。

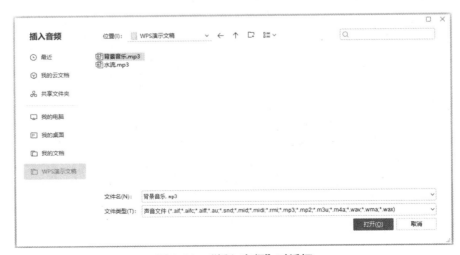

图 3-14　"插入音频"对话框

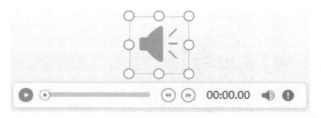

图 3-15 幻灯片中插入的音频文件

⑤插入音频文件后，还可以对音频文件进行编辑与剪辑。选中音频文件，显示"音频工具"选项卡，可以在其中设置音频的音量、裁剪音频，也可以设置自动播放、单击播放、循环播放等，如图 3-16 所示。

图 3-16 "音频工具"选项卡

⑥选中幻灯片中的声音图标，切换到"音频工具"选项卡，选择一种播放方式，例如，"当前页播放"或"循环播放，直至停止"等。

⑦在"音频工具"选项卡中单击"音量"按钮，从下拉列表中选择一种合适的"音量"选项，如图 3-17 所示。

图 3-17 "音量"按钮的下拉列表

【技能训练 3-12】幻灯片中插入声音和视频

选择合适方法完成以下操作。

【操作 1】：创建并打开演示文稿"幻灯片中插入声音和视频.pptx"，在该演示文稿中添加 2 张幻灯片，2 张幻灯片都采用"空白"版式。

【操作 2】：在第 1 张幻灯片中插入声音文件"欢快.mp3"，声音开始播放方式为"自动"。

【操作 3】：在第 2 张幻灯片中插入视频文件"九寨沟宣传视频.mp4"，视频播放方式设置为"全屏播放"和"播放完返回开头"。

【技能训练 3-13】幻灯片中插入与设置动作按钮

选择合适方法完成以下操作。

【操作 1】：创建并打开演示文稿"幻灯片中插入与设置动作按钮.pptx"，选中第 2 张幻灯片。

【操作 2】：在幻灯片中插入动作按钮"上一张"按钮 。

【操作 3】："单击鼠标的动作"选择"超链接到"，并设置为"最近观看的幻灯片"，插入声音选择"单击"。

【技能训练 3-14】幻灯片中插入与设置超链接

打开 WPS 演示文稿"幻灯片中插入与设置超链接.pptx"，在该演示文稿选择合适方法完成以下操作。

【操作 1】：链接到已有的 WPS 文件。

（1）打开 WPS 演示文稿"幻灯片中插入与设置超链接.pptx"，选中"目录"幻灯片。

（2）在幻灯片中设置超链接的文字为"经费预算"。

（3）插入超链接，链接到"模块 3"中的 WPS 文档"五四青年节活动经费预算.et"。

（4）在幻灯片中以设置超链接提示文字"五四青年节活动经费预算"。

【操作 2】：链接到同一文档中的其他幻灯片。

（1）在 WPS 演示文稿"幻灯片中插入与设置超链接.pptx"中，选中"目录"幻灯片。

（2）为"目录"页中的文字"活动目的"、"活动内容"、"活动安排"、"活动要求"设置超链接，链接到本演示文档中对应的幻灯片。

【技能训练 3-15】使用 WPS 的智能美化功能实现图片拼图

打开 WPS 演示文稿"图片拼图.pptx"，然后按照以下步骤进行操作。

① 在幻灯片中插入一个文本框，在该文本框中输入介绍九寨沟的文字，分别插入 4 张景点图片，如图 3-18 所示。

② 选中包含图片并需要进行智能美化的幻灯片。

③ 在幻灯片底部单击"智能美化"按钮，在弹出的快捷菜单中选择"单页美化"命令，在幻灯片编辑窗口下方会自动显示多个"智能美化"的拼图与排版样式。从中选择一个合适的拼图样式，如图 3-19 所示，WPS 会自动对图片进行拼图处理。

图 3-18　包含了多行文本内容和多张图片幻灯片

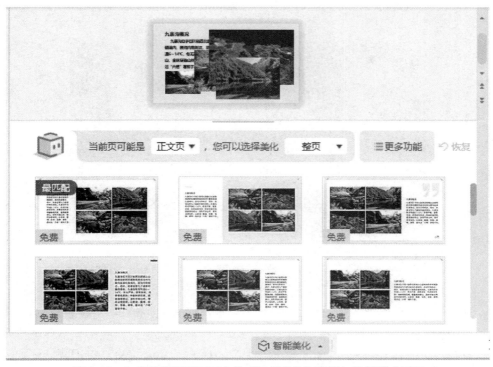

图 3-19　幻灯片编辑窗口下方的"智能美化"拼图与排版样式列表

④ 选择一种合适的拼图与排版样式后，原幻灯片会被新的排版样式所代替，多张图片美化后的效果如图 3-20 所示。

图 3-20　多张图片智能美化后的效果

【技能训练 3-16】使用 WPS 的智能美化功能实现图片创意裁剪

打开 WPS 演示文稿"图片创意裁剪.pptx"，然后按照以下步骤进行操作。

① 选中包含图片的幻灯片，如图 3-21 所示。

图 3-21　待创意裁剪的图片

② 在幻灯片底部单击"智能美化"按钮，在弹出的快捷菜单中选择"单页美化"命令，在幻灯片编辑窗口下方会自动显示多个"智能美化"的创建裁剪样式。先选择美化对象为"图片"，然后从中选择一个合适的图片创意裁剪的样式，WPS 会自动对图片进行创意裁剪处理，如图 3-22 所示。

图 3-22　幻灯片编辑窗口下方创意裁剪图片的样式列表

③ 选择一种合适的图片创意裁剪样式后，幻灯片中原有图片会被新的图片创意裁剪样式所代替，图片创意裁剪后的效果如图 3-23 所示。

图 3-23　图片创意裁剪后的效果

【技能训练 3-17】使用 WPS 智能美化功能为幻灯片中的视频添加播放容器图片

打开 WPS 演示文稿"为幻灯片中的视频添加播放容器图片.pptx"，然后按照以下步骤进行操作。

① 选中包含视频的幻灯片，如图 3-24 所示。

图 3-24　待添加播放容器图片的视频

② 在幻灯片底部单击"智能美化"按钮，在弹出的快捷菜单中选择"单页美化"命令，在幻灯片编辑窗口下方会自动显示多个视频播放容器图片样式，从中选择一个合适的视频播放容器图片样式，WPS 自动为视频添加视频播放容器图片，如图 3-25 所示。

③ 为幻灯片中的视频选择一种合适的视频播放容器图片后，幻灯片中的视频会自动添加播放容器图片，幻灯片中的视频添加视频播放容器图片后的效果如图 3-26 所示。

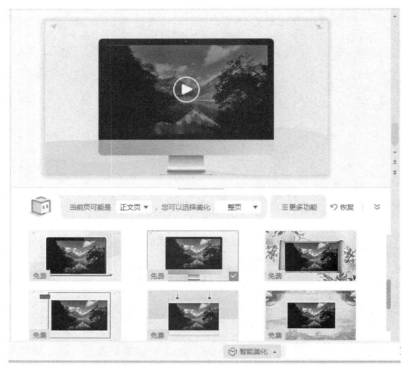

图 3-25　为幻灯片中的视频选择一种合适的视频播放容器图片

图 3-26　幻灯片中的视频添加视频播放容器图片后的效果

【操作训练 3-18】选择合适的设计方案创建演示文稿

选择演示文稿的设计方案创建并打开 WPS 演示文稿"使用设计方案设计幻灯片.dps"，在该演示文稿添加多张幻灯片。

操作步骤如下。

① 新建并打开 WPS 空白演示文稿。

② 在"设计"选项卡中单击"更多设计"按钮，如图 3-27 所示。

图 3-27　在"设计"选项卡中单击"更多设计"按钮

③打开"全文美化"窗口，该窗口左侧有"全文换肤"、"统一版式"、"智能配色"、"统一字体"4 个分类导航按钮，右侧为多种演示文稿设计方案的版式图例列表，从中选择一个设计方案，这里选择标题为"珍惜时间"的活动策划方案，如图 3-28 所示。

图 3-28　在"全文美化"窗口中选择一个设计方案

标题为"珍惜时间"的活动策划方案首页的外观效果如图 3-29 所示。

图 3-29　标题为"珍惜时间"的活动策划方案首页的外观效果

④ 在标题为"珍惜时间"的活动策划方案图例中单击"查看模板详情"按钮，"全文美化"窗口的右侧显示"美化预览"和"模板详情"窗格，在"模板详情"区域的幻灯片模板图例中部单击"+"按钮选中对应的幻灯片模板，如图 3-30 所示。

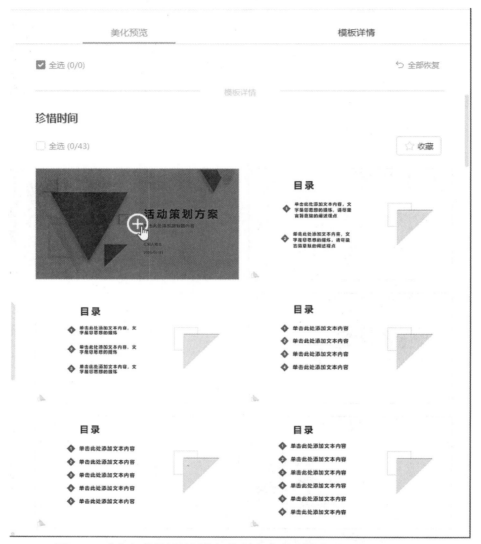

图 3-30　在幻灯片模板图例中部单击"+"按钮选中对应的幻灯片模板

⑤ 依次在所需的幻灯片模板图例中部单击"+"按钮选中对应的幻灯片模板，被选中的幻灯片模板对应图例中部会显示"已选中插入页面"的提示信息，所需的幻灯片模板全部选定后，在"全文美化"窗口右侧底部单击"插入"按钮，如图 3-31 所示，在"插入"按钮名称中显示有数字"10"，表示已选中并插入了 10 张幻灯片。

⑥ 单击"插入"按钮后，会弹出如图 3-32 所示的"正在应用，请稍候…"提示信息框，并显示应用的进度。

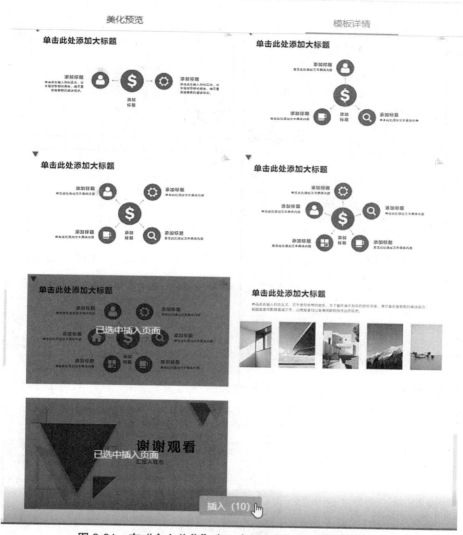

图 3-31　在"全文美化"窗口右侧底部单击"插入"按钮

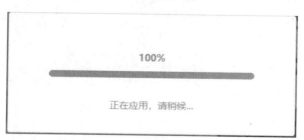

图 3-32　"正在应用，请稍候…"提示信息框

⑦ 选中的幻灯片模板插入到新建的演示文稿后，新建演示文稿的风格就会被选用的幻灯片模板的风格所代替，在"幻灯片浏览"视图中浏览新插入的 10 张幻灯片的效果如图 3-33 所示。

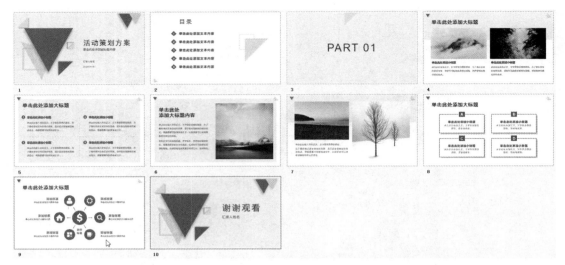

图 3-33　在"幻灯片浏览"视图中浏览新插入 10 张幻灯片的效果

⑧幻灯片风格确定后，在各张幻灯片中输入文本内容，更换图片，调整幻灯片对象的大小和位置即可。

【技能训练 3-19】使用"统一版式"功能智能更换幻灯片版式

打开"智能更换幻灯片版式.pptx"，幻灯片的初始版式如图 3-34 所示，按以下要求在该演示文稿中智能更换该幻灯片的版式。

图 3-34　幻灯片的初始版式

【操作 1】：选用"线型版"版式智能更换该幻灯片版式，应用"线型版"版式的幻灯片效果如图 3-35 所示。

【操作 2】：选用"线条版"版式智能更换该幻灯片版式，应用"线条版"版式的幻灯片效果如图 3-36 所示。

图 3-35　应用了"线型版"版式的幻灯片效果

图 3-36　应用了"线条版"版式的幻灯片效果

【操作 3】：选用"居中版"版式智能更换该幻灯片版式，应用"居中版"版式的幻灯片效果如图 3-37 所示。

图 3-37　应用了"居中版"版式的幻灯片效果

【技能训练 3-20】设置幻灯片背景

打开演示文稿"设置幻灯片背景.pptx"，在该演示文稿选择合适方法完成以下操作。

【操作 1】：设置背景纯色填充。

为第 1 张和第 2 张幻灯片的背景设置纯色填充，设置第 1 张幻灯片的背景颜色为白色，设置第 2 张幻灯片的背景颜色为 RGB(239,233,223)。

【操作 2】：设置背景渐变填充。

为第 3 张的背景设置渐变填充，设置角度为 190°，设置色标颜色为 RGB(255,95,35)，位置、透明度、亮度分别设置为 0%、80%、0%。

【操作 3】：设置背景图片或纹理填充效果。

为第 4 张幻灯片设置背景图片，在"插入图片"对话框中选择"模块 3"中的图片"背景图片 1.jpg"作为背景图片。

为第 5 张幻灯片设置纹理填充效果，纹理类型自行选择。

【操作 4】：设置背景的图案填充效果。

为第 6 张幻灯片设置图案填充效果，图案类型、前景颜色、背景颜色可自行确定。

设置背景颜色、图片、纹理、图案时，如果选中 1 张或多张幻灯片，设置效果将会直接应用于所选中的幻灯片；如果单击"应用到全部"按钮，则设置效果将应用于演示文稿中的所有幻灯片。

如果需要恢复更改之前的背景，则单击"重置背景"按钮即可恢复为原来的背景。

【技能训练 3-21】设置幻灯片中文本和对象动画效果

打开演示文稿"WPS 演示文稿动画设置.pptx"，在该演示文稿中选择合适方法完成以下操作。

【操作 1】：设置第 1 张幻灯片中主标题"五四青年节活动方案"的动画效果，动画类型选择"劈裂"，"动画效果"设置为"左右向中央收缩"，"播放开始方式"设置为"与上一动画同时"。

【操作 2】：设置第 1 张幻灯片中艺术字"传承五四精神、焕发青春风采"的动画效果，动画类型选择"擦除"，"动画效果"设置为"自左侧"，"播放开始方式"设置为"在上一动画之后"，"持续时间"设置为"02.50"。

【操作 3】：设置第 1 张幻灯片中文字"明德学院　团委、学生会"的动画效果，动画类型选择"轮子"，"动画效果"采用默认设置，"播放开始方式"设置为"在上一动画之后"，"持续时间"采用默认设置。

【操作 4】：预览动画效果。

【技能训练 3-22】根据幻灯片的内容智能添加动画

操作步骤如下。

① 打开幻灯片，选中需要添加智能动画的对象，这里选择第 1 张幻灯片的标题"设置幻灯片的动画效果"。

② 在"动画"选项卡中单击"智能动画"按钮，打开"智能动画"窗格。此处选择"推荐"栏中的"放大强调"动画选项，如图 3-38 所示。

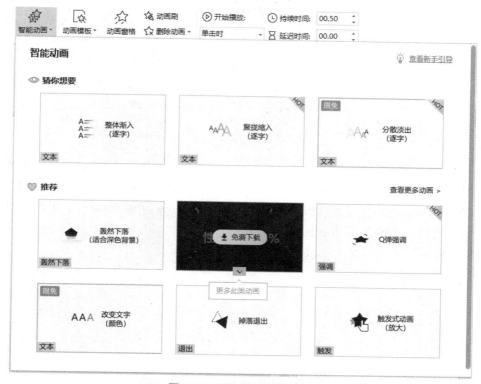

图 3-38　"智能动画"选择

③ 打开"动画窗格"，可以看到系统为选中的标题对象添加了一系列动画，并进行了相应的设置，单击"播放"按钮可以观看智能动画效果。

【技能训练 3-23】WPS 幻灯片中设置动态数字效果

操作步骤如下。

① 打开幻灯片，添加一个包含数字"2035"的文本框，并选中此文本框。

② 切换到"动画"选项卡，在预设动画列表框中选择"动态数字"动画，如图 3-39 所示，即可将动态数字的动画效果添加到刚才选中的数字文本框上。

图 3-39　在预设动画列表框中选择"动态数字"选项

③ 选中数字文本框，在文本框的下方会出现快速工具栏，如图 3-40 所示。

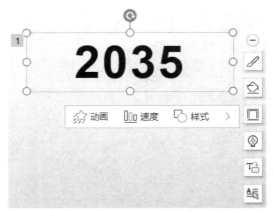

图 3-40　"动态数字"的快速工具栏

利用该快速工具栏可以设置数字动画的动画类型、速度和样式，在快速工具栏中单击"动画"按钮，即可在右侧打开"智能特性"窗格。此处我们可以选择动画类型，默认为数字"上升"类型，如图 3-41 所示。

图 3-41　"动态数字"动画类型

④ 在图 3-40 所示的快速工具栏中单击"样式"按钮，即可在打开的"智能特性"窗格中选择不同的样式，如图 3-42 所示，选择一种合适的样式后，观看其效果如图 3-43 所示。

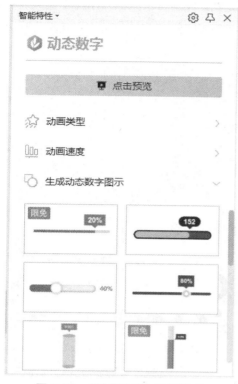

图 3-42　"动态数字"动画样式

图 3-43　"动态数字"最终效果

【技能训练 3-24】设置幻灯片切换效果

打开演示文稿"设置幻灯片切换效果.pptx"，在该演示文稿中选择合适方法完成以下操作。

【操作 1】：为第 1 张幻灯片设置切换效果。

为第 1 张幻灯片设置"立方体"切换效果，"效果选项"选择"下方进入"，"速度"设置为"01.20"，"换片方式"选择"单击鼠标时换片"选项，声音选择"照相机"。

【操作 2】：为第 2 张幻灯片设置切换效果。

为第 2 张幻灯片设置"梳理"切换效果，"效果选项"选择"水平"，"速度"设置为"01.00"，"换片方式"选择"单击鼠标时换片"选项，声音选择"风声"。

【操作 3】：为第 3 张幻灯片设置切换效果。

为第 3 张幻灯片设置"飞机"切换效果，"效果选项"选择"向右飞"，"速度"设置为"01.25"，"换片方式"选择"单击鼠标时换片"选项，幻灯片切换时声音选择"疾驰"。

【技能训练 3-25】将 WPS 演示文稿输出为 PDF 文档

将 WPS 演示文稿输出为 PDF 文档的操作步骤如下。

① 打开演示文稿，单击演示文稿窗口左上角的"文件"按钮，在弹出的下拉菜单中依次选择"输出为 PDF"命令，打开如图 3-44 所示的"输出为 PDF"对话框，这里可以选择幻灯片的输出范围、PDF 文件的保存位置等。

图 3-44　"输出为 PDF"对话框

② 在"输出为 PDF"对话框中单击左下角的"设置"按钮，打开"设置"对话框，在该对话框中可以设置输出内容，默认的是输出幻灯片，如图 3-45 所示，即 PDF 文档的每一页对应一张幻灯片。这里也可以将输出内容设置为讲义，并设置每页幻灯片数。设置完成后单击"确定"按钮返回"输出为 PDF"对话框。

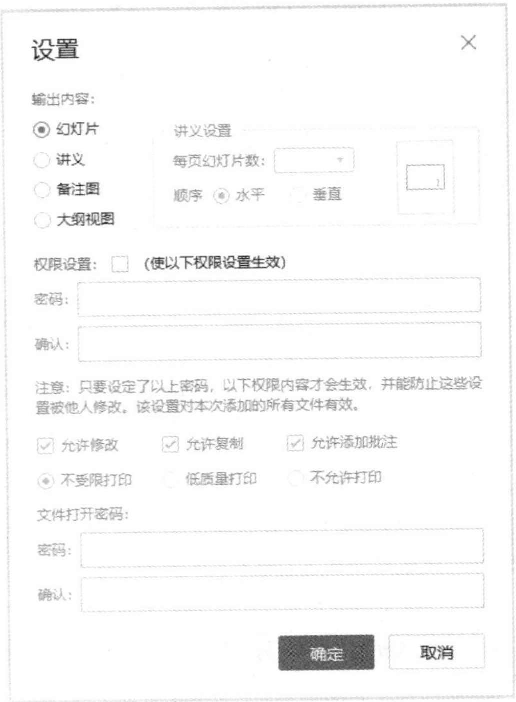

图 3-45　设置输出幻灯片

③ 在"输出为 PDF"对话框中单击"开始输出"按钮，即开始将演示文稿输出为 PDF 文件。

④ 将演示文稿成功输出为 PDF 文件，"输出为 PDF"对话框中"状态"列会显示"输出成功"提示信息，"操作"列会添加 2 个按钮，如图 3-46 所示。

图 3-46　将演示文稿成功输出为 PDF 文件

在"计算机"窗口中可以看出输出的 PDF 文件。

⑤ 在"输出为 PDF"对话框中单击右上角的"关闭"按钮，关闭该对话框即可。

【综合实战】

【任务 3-1】设置幻灯片中文字及其背景的多种效果

【任务描述】

创建演示文稿"任务 3-1.pptx"，按以下要求添加 4 张幻灯片，并设置幻灯片中文字及其背景的多种效果。

（1）所有幻灯片中的文字内容为"立足杭州　走向世界"、"雅美尚传媒 20××秋季新品发布会"。

（2）第 1 张幻灯片中的文字分 2 行排列，设置背景格式为"蓝色"的"渐变填充"。

（3）第 2 张幻灯片中的文字分 2 行排列，设置背景为图片，图片设置为渐变蒙版效果。

（4）第 3 张幻灯片中的文字分 4 行排列，设置背景格式为"蓝色"的"渐变填充"。幻灯片中加入一些三角形的色块进行修饰。将这些三角形设置两种不同的效果，一种效果为无填充的渐变线，这些三角形主要分布在文字两侧；另一种效果为渐变填充效果，这些三角形主要分布在中间位置的文字下层。

（5）第 4 张幻灯片中的文字分 4 行错位排列，并为主体文字添加一些不同大小的文字，背景设置为蓝色纯色填充。

【任务实现】

（1）添加新字体

打开存放新字体的文件夹，选中需要的字体文件并按【Ctrl+C】组合键进行复制，然后进入"C:\Windows\Fonts"文件夹中，按【Ctrl+V】组合键执行粘贴操作。

新字体添加完成后，在 Windows 的"Fonts"文件夹中就会出现新添加的字体，本任务要添加演示镇魂行楷、造字工房方黑（非商用）常规体、造字工房俊雅（非商用）常规体、汉仪雅酷黑、交通标志专用字体、苹方常规体、苹方粗体、苹方中等体等多种字体，字体添加完成后，重新启动 WPS 演示文稿即可使用新添加的新字体。

（2）在演示文稿"任务 3-1.pptx"中新建第 1 张幻灯片，在"对象属性"面板中选择"渐变填充"，颜色设置为"蓝色"，渐变样式选择"向上"，角度选择"270°"。

在第 1 张幻灯片中添加 2 个文本框，2 个文本框上下排列，位于幻灯片中部位置。上方文本框中输入文字"立足杭州　走向世界"，并设置字体为"交通标志专用字体"，大小为"80"且加粗；下方文本框中输入文字"雅美尚传媒 20××秋季新品发布会"，并设置字体为"苹方　常规"，大小为"24"且加粗。第 1 张幻灯片的整体效果如图 3-47 所示。

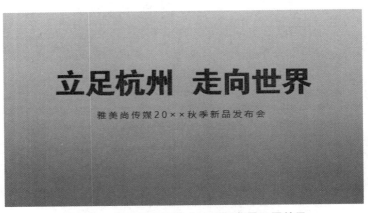

图 3-47　第 1 张幻灯片中文字及背景设置效果

（3）在演示文稿"任务 3-1.pptx"中复制第 1 张幻灯片，在第 2 张幻灯片中插入文件夹"任务 3-1"中的"图片 1.jpg"，设置图片大小为覆盖整张幻灯片。

然后在图片上面插入 1 个矩形框，设置矩形框的尺寸与图片大小一致，在"对象属性"面板中设置图片为渐变蒙版效果，即选择"渐变填充"，渐变样式设置为"向下"，角度设置为"90°"，颜色设置为"黑色"，位置设置为"14%"，透明度设置为"31%"，亮度设置为"0%"，选择"与形状一起旋转"复选框。

将上方文本框中的文字"立足杭州　走向世界"设置字体为"造字工房方黑（非商用）常规体"，大小不变。第 2 张幻灯片的整体效果如图 3-48 所示。

（4）在演示文稿"任务 3-1.pptx"中新建 1 张幻灯片，即第 3 张幻灯片。该幻灯片的背景填充设置为"渐变填充"，渐变样式设置为"中心辐射"，颜色设置为 RGB(10,22,74)。

图 3-48　第 2 张幻灯片中文字及背景图片设置效果

在幻灯片左侧区域插入 1 个三角形形状，旋转调整三角形形状的角度，呈现为方向指向右侧，设置三角形形状的高度为 1.5 厘米，宽度为 1.7 厘米。在"对象属性"面板中"形状选项"-"填充与线条"-"线条"区域选择"渐变线"，"渐变样式"设置为"向下"，角度设置为"90°"，颜色设置为 RGB(14,208,203)，线条宽度设置为"1 磅"，类型设置为"实线"。在幻灯片右侧区域的合适位置插入 2 个三角形形状，设置三角形形状的大小，设置其格式与左侧三角形形状类似。

在幻灯片中部位置插入 3 个三角形形状，这 3 个三角形形状高度都设置为 10.72 厘米，宽度都设置为 12.2 厘米，顶部对齐，横向等距重叠排列，形状填充都设置为"渐变填充"，"渐变样式"都设置为"向下"，渐变角度都设置为"90°"，颜色都设置为 RGB(14,208,203)，形状轮廓都设置为"无线条"。在"对象属性"面板的"形状选项-填充与线条"选项卡中设置的透明度有所区别，靠左侧上层三角形的透明度设置为"72%"，中层三角形形状的透明度设置为"44%"，靠右侧底层三角形形状的透明度设置为"93%"。

在幻灯片中添加 3 个文本框，3 个文本框上下排列，位于幻灯片中部位置。上方文本框中输入 2 行文字"立足杭州"和"走向世界"，字体都设置为"汉仪雅酷黑 W"，大小都设置为"80"，颜色都设置为"白色"，其中"立足杭州"的"文本填充"设置为"无填充"，"走向世界"的"文本填充"设置为"纯色填充"；中间的文本框中输入文字"Based in Hangzhou facing the world"，下方文本框中输入文字"雅美尚传媒 20××秋季新品发布会"，并设置字体为"苹方　常规"，大小为"16"。第 3 张幻灯片的整体效果如图 3-49 所示。

图 3-49　第 3 张幻灯片中文字及背景设置效果

（5）在演示文稿"任务 3-1.pptx"中新建 1 张幻灯片，即第 4 张幻灯片。该幻灯片的背景填充设置为"纯色填充"，颜色设置为 RGB(47,85,151)。

在幻灯片中添加 9 个文本框，灵活排列这些文本框，分别在文本框中输入相应文字，合理设置其字体和大小，第 4 张幻灯片的整体效果如图 3-50 所示。

图 3-50　第 4 张幻灯片中文字及背景设置效果

【任务 3-2】绘制与组合形状

【任务描述】

创建演示文稿"任务 3-2.pptx"，在该演示文稿中完成多种形状的绘制、组合与美化。

【任务实现】

创建演示文稿"任务 3-2.pptx"，新建一张幻灯片，在该幻灯片中输入文字"绘制与组合图形"，字体设置为"微软雅黑"，字号设置为"60"。

1. 绘制与组合形状

（1）组合两个圆与 1 个图标

新建一张幻灯片，在"插入"选项卡中单击"形状"按钮，在弹出的形状列表中单击"椭圆"按钮◯，按住【Shift】键的同时，按住鼠标左键且拖动鼠标在幻灯片中绘制出正实心圆，设置实心圆的高度与宽度为 3 厘米，填充颜色为深红色，无轮廓，外观效果如图 3-51 所示。

再一次绘制一个正圆，设置该圆的填充为"无填充"，该圆的形状轮廓为"1.5 磅短画线"，轮廓颜色为深红色，空心虚线圆如图 3-52 所示。

图 3-51　在幻灯片中绘制实心正圆　　　　图 3-52　在幻灯片中绘制空心虚线圆

【说明】：按住【Shift】键，如果绘制直线则可以画出水平线和垂直线。如果绘制矩形则可以画出正方形。

将实心正圆与空心虚线正圆的水平方向与垂直方向都居中对齐，然后在实心正圆居中位置插入一个图标，该图标设置为无填充。将这 3 个形状进行组合，最终的外观效果如图 3-53 所示。

图 3-53　两个圆与 1 个图标的组合

（2）绘制两个弧形组成的图形

新建一张幻灯片，在"插入"选项卡中单击"形状"按钮，在弹出的形状列表中单击"弧形"按钮，按住鼠标左键且拖动鼠标在幻灯片中绘制一个弧形，该弧形设置为"无填充"，实线颜色设置为 RGB(255,147,0)，宽度设置为 17.25 磅，设置弧形的高度和宽度为 5 厘米，调整其圆心角大小。

以同样的方法绘制另一个弧形，设置该弧形为"无填充"，实线颜色为 RGB(139,171,0)，宽度为 9.25 磅，弧形的高度和宽度为 5 厘米，调整其圆心角大小。

将两个弧形移动到靠近的位置，组成一个图形，如图 3-54 所示，该图形可形象地显示分布比例、结构比例等数据。

（3）绘制两个饼形组成的饼图

新建一张幻灯片，在"插入"选项卡中单击"形状"按钮，在弹出的形状列表中单击"饼形"按钮，按住鼠标左键且拖动鼠标在幻灯片中绘制一个饼形，饼形的高度和宽度都设置为 4 厘米，设置饼形为"纯色填充"，颜色为 RGB(166,166,166)，调整饼形的缺角大小。

以同样的方法绘制另一个饼形，另一个饼形的高度和宽度都设置为 6.8 厘米，填充设置为"纯色填充"，颜色设置为 RGB(139,171,0)，调整其缺角大小。

将两个饼形移动到靠近的位置，组成一张饼图，如图 3-55 所示，该饼图可用形象地显示分布比例、结构比例等情况。

图 3-54　两个弧形组成的图形

图 3-55　两个饼形组成的饼图

2. 绘制与合并形状

（1）合并两个正圆

新建一张幻灯片，在幻灯片中分别绘制两个正圆，设置两个圆的填充颜色为不同的颜色，调整两个圆的位置，使其部分相交，处于选中状态的两个圆如图 3-56 所示。

在"绘图工具"选项卡中单击"合并形状"按钮，在弹出的下拉菜单中选择"结合"命令，如图 3-57 所示，则两个圆会结合一起。

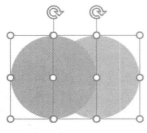

图 3-56　选中两个圆

图 3-57　"合并形状"下拉菜单

在下拉菜单中，还可以选择"组合"、"拆分"、"相交"、"剪除"命令，两个圆各种合并效果如图 3-58 所示。

图 3-58　两个圆的各种合并效果

（2）绘制图片填充的半圆形

新建一张幻灯片，先分别在幻灯片中绘制一个正圆和一个矩形，调整圆和矩形的位置，使矩形的下边与圆的水平直径重合，如图 3-59 所示。

然后依次选择圆和矩形，在"合并形状"按钮的下拉菜单中选择"剪除"命令，即可得到半圆形状。选中半圆形状，设置形状填充为已有图片，最终的效果如图 3-60 所示。

图 3-59　矩形的下边与正圆水平直径重合

图 3-60　图片填充的半圆形

（3）绘制空心的泪滴形状

新建一张幻灯片，分别在幻灯片中绘制一个泪滴形和一个正圆，泪滴形和正圆都设置为"纯色填充"，设置泪滴形的颜色为 RGB(255,147,0)，正圆的颜色为 RGB(139,171,0)。

图 3-61　空心的泪滴形状

调整两个形状至合适位置。然后依次选择泪滴形状和正圆，在"合并形状"按钮下拉菜单中选择"剪除"命令，即可得到空心的泪滴形状。在正圆位置添加一个无填充无边框的文本框，在文本框中输入文字"工匠精神"，将文字的字体设置为"微软雅黑"，设置字号为 40，字形为加粗，字体颜色为红色。

选中空心的泪滴形状，设置形状轮廓的颜色为"白色"，形状效果为"向下偏移"的阴影，最终的效果如图 3-61 所示。

【任务 3-3】绘制与美化表格

【任务描述】

希望投资公司全年分季度的投资与收益情况如表 3-2 所示，单位为亿元。

表 3-2　希望投资公司全年分季度的投资与收益情况

季度	投资金额	营业收入	利润
第 1 季度	82	50	25
第 2 季度	118	78	36
第 3 季度	175	120	70
第 4 季度	246	183	68

创建演示文稿"任务 3-3.pptx"，在该演示文稿中绘制与美化多种形式的表格，展示希望投资公司分季度的投资与收益情况。

【任务实现】

创建演示文稿"任务 3-3.pptx"。

（1）添加第 1 张幻灯片

设置第 1 张幻灯片的填充为"纯色填充"，颜色设置为 RGB(239,233,223)。

在幻灯片靠上位置插入一个文本框，文本框中输入表格标题文字"希望投资公司投资与收益情况"，文本框中文字的字体设置为"造字工房尚雅（非商用）常规体"，大小设置为"32"，并设置水平居中。

在标题文本框下方插入一个 5 行 4 列的表格，设置表格高度为 8 厘米，宽度为 20 厘米，然后在该表格中输入表 3-2 所示的文字，表格中的各行文字字号都设置为"18"，字形设置为加粗，第 1 行文字的字体设置为"微软雅黑"，其他行文字的字体设置为"宋体"，根据各列表内容的宽度灵活调整各列的宽度。

表格第 1 行设置为"纯色填充"，填充颜色设置为 RGB(232,115,74)；表格第 2、4 行设置填充为"纯色填充"，填充颜色设置为 RGB(245,241,235)；表格第 3、5 行设置为"纯色填充"，填充颜色设置为 RGB(239,233,223)。第 1 张幻灯片中表格及其标题的设置效果如图 3-62 所示。

图 3-62　第 1 张幻灯片中表格及其标题的设置效果

（2）复制第 1 张幻灯片，得到第 2 张幻灯片

设置第 2 张幻灯片中的表格高度为 9 厘米，宽度为 16 厘米。设置第 1 行为"无填充"，第 1 行的文字颜色为"白色"。

在第 2 张幻灯片中插入一个"圆角矩形"，设置其高度为 9.1 厘米，宽度为 16 厘米，设置填充为"纯色填充"，填充颜色设置为 RGB(255,95,35)，如图 3-63 所示。

图 3-63　圆角矩形

将新插入的"圆角矩形"置于表格下层，表格与矩形的顶边、左右两边都对齐，下边显示圆角矩形的 0.1 厘米高度。表格第 1 行的背景颜色设置为"无填充"，即其背景为透明，正好显示矩形的填充颜色。设置完成后的结果为：表格上边呈现圆角效果，下边呈现加粗线条的效果。第 2 张幻灯片中表格及其标题的设置效果如图 3-64 所示。

希望投资公司投资与收益情况

季度	投资金额	营业收入	利润
第1季度	82	50	25
第2季度	118	78	36
第3季度	175	120	70
第4季度	246	183	68

图 3-64　第 2 张幻灯片中表格及其标题的设置效果

【任务 3-4】使用多种布局方式制作介绍桂林的幻灯片

【任务描述】

创建演示文稿"桂林简介.pptx"，介绍桂林的文本内容如下：

桂林是著名的旅游观光胜地，这里有浩瀚苍翠的原始森林、雄奇险峻的峰峦幽谷、激流奔腾的溪泉瀑布、天下奇绝的高山梯田……自然景观令人神往，自古就有"桂林山水甲天下"的赞誉。桂林是一座文化古城，两千多年的历史，使它孕育了丰富的文化底蕴。在这一片神奇的土地上，生活着壮、瑶、苗、侗等十多个少数民族，大桂林的自然风光、民族风情、历史文化深深吸引着中外游客纷至沓来，流连忘返。

主标题设置为"桂林"，拼音为"Guilin"，主标题的字体设置为"方正清刻本悦宋简体"，

大小设置为 60。副标题设置为"游山如读史　看山如观画",副标题的字体设置为"苹方　常规",大小设置为 16。

正文文字的字体设置为"苹方　常规",大小设置为 16,行间距设置为 1.3,首行缩进设置为 1.27 厘米,段间距设置为段后 18 磅。

使用多种布局方式制作介绍桂林的幻灯片,布局排版时可以借用图片、文本框、矩形等元素。

【任务实现】

创建演示文稿"桂林简介.pptx"。

（1）新建第 1 张幻灯片,在该幻灯片中插入一张桂林风景作为背景图片,在背景图片上层插入一个矩形,设置该矩形具有蒙版效果,蒙版的色调尽量和图片颜色保持一致,蒙版颜色用图片中的颜色即可,设置蒙版的填充为"渐变填充",渐变样式设置为"到右侧",色标颜色设置为 RGB(45,61,110)。

在矩形上层添加多个文本框,分别在文本框中输入所需要的文本内容,按要求设置文字的字体、大小、行间距、段间距、首行缩进。

在副标题下方插入一条直线和一个小矩形（高度为 0.13 厘米,宽度为 0.97 厘米）作为修饰。调整各个文本框的位置,第 1 张幻灯片的布局效果如图 3-65 所示。

图 3-65　演示文稿"桂林简介.pptx"第 1 张幻灯片的布局效果

（2）新建第 2 张幻灯片,该幻灯片设置为白色背景,采用左右排版的布局方式,即在中部插入一个高度为 19.05 厘米、宽度为 0.3 厘米的长条矩形作为分隔条,分隔条的颜色设置 RGB(146,208,80),左侧插入多个文本框,文本框中输入文本内容,设置好文本格式,右侧插入剪切后的图片。第 2 张幻灯片的布局效果如图 3-66 所示。

图 3-66　演示文稿"桂林简介.pptx"第 2 张幻灯片的布局效果

（3）新建第 3 张幻灯片，该幻灯片的背景颜色从图片中取色，设置背景颜色为 RGB(51,59,93)，布局方式与第 2 张幻灯片类似，为了更具设计感，添加了一些英文"GUILIN"作为修饰。第 3 张幻灯片的布局效果如图 3-67 所示。

图 3-67　演示文稿"桂林简介.pptx"第 3 张幻灯片的布局效果

（4）新建第 4 张幻灯片，该幻灯片的背景颜色设置为 RGB(239,189,165)，采用上下排版的布局方式，即在中部插入一个高度为 0.44 厘米、宽度为 25.4 厘米的长条矩形作为分隔条，分隔条的颜色设置为 RGB(251,229,214)，上边插入剪切后的图片，下边插入多个文本框，文本框中输入文本内容，文本内容采用竖排方式，设置好文本的格式，插入弧形对标题进行变换。第 4 张幻灯片的布局效果如图 3-68 所示。

图 3-68　演示文稿"桂林简介.pptx"第 4 张幻灯片的布局效果

（5）新建第 5 张幻灯片，在该幻灯片中插入一张完整的图片，然后在图片上层插入矩形色块，矩形色块的填充颜色为白色，然后参考第 1 张幻灯片的布局方式插入文本框、输入文本内容，设置其格式。第 5 张幻灯片的布局效果如图 3-69 所示。

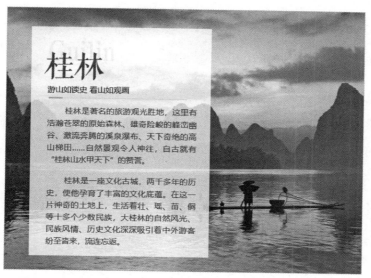

图 3-69　演示文稿"桂林简介.pptx"第 5 张幻灯片的布局方式

（6）新建第 6 张幻灯片，该幻灯片的背景颜色设置为白色，左侧的布局方式与第 2 张幻灯片类似，在右侧添加一张与圆角矩形合并操作后的图片。第 6 张幻灯片的布局效果如图 3-70 所示。

图 3-70　演示文稿"桂林简介.pptx"第 6 张幻灯片的布局效果

【任务 3-5】创建"农业生态"主题的演示文稿

【任务描述】

创建演示文稿"农业生态.pptx"，具体要求如下。

（1）在该演示文稿中添加 4 张幻灯片，标题分别设置为"因地制宜生态农业"、"农业的范围"、"影响农业的区位因素"、"以秦岭淮河为界的南方和北方差异"。

（2）选择背景颜色、文字颜色、形状填充颜色，确定主题颜色。

（3）选用与设置字体，设置合适的字体大小。

（4）分别应用图片、形状、表格设计幻灯片版式，应用文本框输入文字内容。

【任务实现】

创建并打开演示文稿"农业生态.pptx"。

（1）"农业生态"主题的演示文稿主体颜色设置为丰收稻谷和麦粒的颜色，即金黄色（RGB(242,163,66)），背景颜色设置为 RGB(244,235,224)。文字颜色以黑色、白色、灰色为主，字体主要选择鸿雷板书简体、思源宋体、思源黑体、微软雅黑。

（2）新建第 1 张幻灯片，该幻灯片使用两张图片作为背景，上方为蓝天白云图片，下方为收割小麦的图片。在幻灯片上方插入 8 个文本框，分别输入文字"因地制宜 生态农业"，字体设置为鸿雷板书简体，"因"和"业"两个汉字的大小设置为 166，其他 6 个汉字的大小设置为 120。在"因"字下方插入 1 个文本框，然后输入英文"Ecological agriculture according to local conditions"，第 1 张幻灯片的布局结构如图 3-71 所示。

图 3-71　演示文稿"农业生态.pptx"第 1 张幻灯片的布局结构

（3）新建第 2 张幻灯片，该幻灯片主要通过图片、文本框展示"农业的范围"，幻灯片中部左侧 2 张图片与右侧 2 张图片在 X 方向上都旋转了一定的角度，形成屏风效果，中、英文标题位于幻灯片上侧中部，在"农业的范围"文本框左、右两侧插入麦穗图片。第 2 张幻灯片的布局结构如图 3-72 所示。

图 3-72　演示文稿"农业生态.pptx"第 2 张幻灯片的布局结构

（4）新建第 3 张幻灯片，该幻灯片主体为弧形布局，中部插入高度和宽度为 8.27 厘米渐变填充的圆，正中圆的左、右两侧分别插入高度和宽度为 5.2 厘米渐变填充的圆，在这三个圆内部插入文本框和输入文字，左侧的"气候"、"土壤"、"地形"、"水源"文本框和对应的图标，右侧的"市场"、"生产技术"、"交通"、"政策"、"劳动力"文本框和对应的图标都呈弧形排列。中、英文副标题位于幻灯片上侧中部，英文副标题文本框左、右两侧插入麦穗图片。第 3 张幻灯片的布局结构如图 3-73 所示。

（5）新建第 4 张幻灯片，该幻灯片的上方为中、英文标题，标题文本框左、右两侧插入麦穗图片，幻灯片的中部插入一张 3 行 4 列的表格（表格中输入地区、耕地类型、熟制、主要农作物等内容），下方插入一张图片，第 4 张幻灯片的布局结构如图 3-74 所示。

图 3-73　演示文稿"农业生态.pptx"第 3 张幻灯片的布局结构

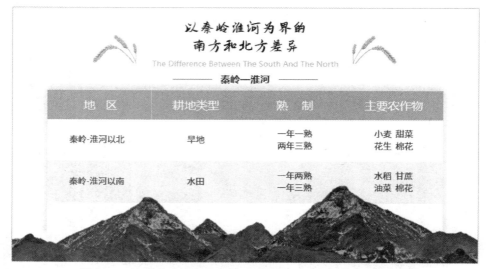

图 3-74　演示文稿"农业生态.pptx"第 4 张幻灯片的布局结构

保存演示文稿"农业生态.pptx"，然后放映各张幻灯片，观看各张幻灯的布局效果。

【任务 3-6】创建"WPS 演示文稿动画设计"主题的演示文稿母版

【任务描述】

创建演示文稿"WPS 演示文稿动画设计教程.pptx"，在该演示文稿中创建母版，添加所需的版式，具体要求如下。

（1）合理选择形状填充颜色、背景颜色、文字颜色，确定主题颜色。幻灯片中形状的主色为绿色，其 RGB 值分别为 RGB(90,208,10)、RGB(136,231,15)和 RGB(156,235,55)，少量使用深绿色（即 RGB(139,171,0)）、酸橙色（其 RGB 值分别为 RGB(161,201,33)和 RGB(166,208,100)）、深灰色（即 RGB(57,55,58)）；封面与封底页背景图片使用了褐色（即 RGB(87,49,9)）、酸橙色（其 RGB 值分别为 RGB(143,197,75)和 RGB(179,218,115)）；文字颜色主要使用灰色，少量使用茶色（即 RGB(242,242,230)）、红色和 RGB(255,147,0)。

（2）合理选用与设置字体，设置合适的字体大小。封面文字采用"华康俪金黑 W8(P)"字体，其他各页主要使用"微软雅黑"字体。

（3）设置风格统一、主题鲜明的幻灯片母版，在母版中分别添加封面页、目录页、过渡页、第一章、第二章、第三章、第四章、封底页等所需的版式。分别应用多种形状、背景图片设置版式的版式结构，应用文本框输入文字内容。

【任务实现】

首先创建并打开演示文稿"WPS 演示文稿动画设计教程.pptx"，然后进行以下各项操作。

（1）在"视图"选项卡中单击"幻灯片母版"按钮，进入"幻灯片母版"视图，在"幻灯片母版"选项卡中单击"母版版式"按钮，打开"母版版式"对话框，取消所有占位符复选框的选中状态。然后单击"确定"按钮关闭该对话框。

对于演示文稿中包括多个相似布局结构的页面，可以通过创建幻灯片母版提高幻灯片制作效率，在"幻灯片母版"视图设置如图 3-75 所示的母版页面，该页面中插入与设置以下元素。

图 3-75　演示文稿"WPS 演示文稿动画设计教程.pptx"母版页面的版式结构

① 母版的背景颜色设置为茶色，即 RGB(242,242,230)，将母版命名为"WPS 演示文稿动画设计"。

② 在幻灯片母版底部插入两个长条状的矩形。靠上边的长条状矩形其高度设置为 1.62 厘米，宽度设置为 33.88 厘米，其填充颜色设置为深灰色；靠下边的长条状矩形其高度设置为 0.5 厘米，宽度设置为 33.88 厘米，其填充颜色为绿色。

③ 在高度为 1.62 厘米矩形靠右侧位置插入 1 个小圆形，设置其高度和宽度均为 0.6 厘米，填充颜色设置为 RGB(136,231,15)。在该圆形上层插入 1 个方向朝右的燕尾形⊃，设置

其高度为 0.3 厘米，宽度为 0.24 厘米，填充颜色设置为纯白色。同时选中圆形与燕尾形，将二者的对齐方式设置为水平居中与垂直居中，将二者进行组合，组合后的形状为 ⊙ 。然后在组合形状的右侧插入一个按钮背景图片 2。

以类似方法插入另一个圆形与燕尾形的组合体，不同的是燕尾形的方向朝左，组合后的形状为 ⊙ 。然后在组合形状的右侧插入一个按钮背景图片 3。

④ 在组合形状 ⊙ 的左侧插入一个按钮图片 ■，在该图片上层插入 1 个无填充无边框的文本框，在该文本框中输入数字"11"。

⑤ 在组合形状 ⊙ 的右侧插入另一个按钮图片 ■，在该图片上层插入 1 个无填充无边框的文本框，在该文本框中输入页码数字域"<#>"。

⑥ 在数字"11"的左侧插入 1 个无填充无边框的文本框，在该文本框中输入数字"of"。

母版页面中插入的多个按钮、图片与幻灯片编号的外观效果如图 3-76 所示。

图 3-76　母版页面中插入的多个按钮与幻灯片编号的外观效果

母版页面的版式结构如图 3-75 所示。

（2）在"幻灯片母版"选项卡中单击"插入版式"按钮，将插入的版式命名为"封面"，在封面版式中插入图片，遮住幻灯片母版中原有背景，封面版式如图 3-77 所示。

图 3-77　演示文稿"WPS 演示文稿动画设计教程.pptx"封面版式

（3）在"幻灯片母版"中插入封底版式，在封面版式中插入背景图片，遮住幻灯片母版中原有背景，封面版式如图 3-78 所示，对应版式命名为"封底"。

（4）在"幻灯片母版"中插入目录页版式，目录页版式为空白页，对应版式命名为"目录页"，在目录页版式中插入矩形，遮住幻灯片母版中原有背景，该矩形设置为无边框颜色，填充为纯色填充，填充颜色设置为 RGB(242,242,230)。

图 3-78　演示文稿"WPS 演示文稿动画设计教程.pptx"封底版式

（5）在"幻灯片母版"中插入过渡页版式，对应版式命名为"过渡页"，在过渡页版式中插入与设置以下元素：

① 在过渡页版式中插入矩形，遮住幻灯片母版中原有背景，该矩形设置为无边框颜色，填充为纯色填充，填充颜色设置为 RGB(242,242,230)。

② 在该页面右侧插入一个矩形，设置其高度为 19.05 厘米，宽度为 7.37 厘米，再设置填充为"纯色填充"，填充颜色为 RGB(156,235,55)。

③ 在宽度为 7.37 厘米矩形左侧再插入一个矩形，设置其高度为 19.05 厘米，宽度为 2.40 厘米，再设置填充为"纯色填充"，颜色为 RGB(90,208,10)。

④ 在两个矩形上层插入一个同心圆，设置其直径为 11 厘米，该同心圆的圆环部分的颜色设置为 RGB(90,208,10)，再设置同心圆的填充为"纯色填充"，颜色为 RGB(191,191,191)。

⑤ 在该同心圆上层插入一个圆形，设置其直径为 10.36 厘米，再设置填充为"纯色填充"，颜色为 RGB(156,235,55)。

⑥ 选中同心圆和圆形，设置其对齐方式为水平居中和垂直居中，将两个对象进行组合，然后调整组合体至合适位置。

⑦ 在组合体上层插入一个文本框，在该文本框中输入文字"过渡页"和"Transition Page"。

⑧ 在过渡面左下角插入一个文本框，在该文本框中输入字符和页码数字域"— <#> —"。过渡页版式如图 3-79 所示，对应版式命名为"过渡页"。

（6）在"幻灯片母版"中插入 4 个正文页面版式，将该版式中不需要的"标题"、"日期"、"页脚"等占位符删除，然后在各个正文页面版式的左下方插入文本框，在文本框分别输入文字"第一章　单个对象简单动画设计"、"第二章　单个对象动画组合设计"、"第三章　多对象与多动画组合设计"、"第四章　奇思妙想的创意动画设计"，对应的版式命名为"第一章"、"第二章"、"第三章"、"第四章"，其中"第一章　单个对象简单动画设计"的正文页版式如图 3-80 所示。

图 3-79　演示文稿"WPS 演示文稿动画设计教程.pptx"过渡页版式的外观效果

图 3-80　演示文稿"WPS 演示文稿动画设计教程.pptx"正文页版式

（7）在"幻灯片母版"选项卡中单击"关闭"按钮，关闭母版视图，返回幻灯片编辑状态。

（8）在"开始"选项卡中单击"版式"按钮，可以看到"WPS 演示文稿动画设计"母版的 8 种幻灯片版式，如图 3-81 所示。

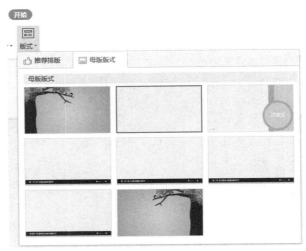

图 3-81　"WPS 演示文稿动画设计"母版的 8 种版式

（9）在"开始"选项中单击"新建幻灯片"按钮，弹出已创建的"母版版式"列表，如图 3-82 所示。在弹出的版式列表中选择一种版式，然后单击即可创建新的幻灯片。

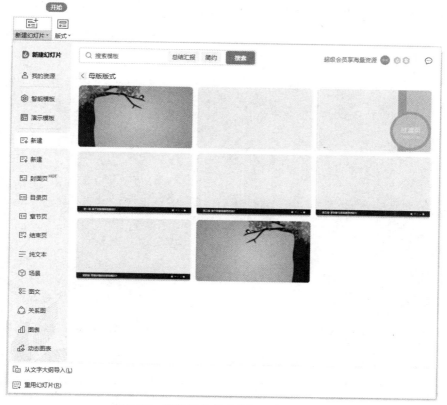

图 3-82　新建幻灯片时选择已创建的版式

应用已创建的版式添加多张幻灯片，分别为封面页、目录页、过渡页、第一章正文、第二章正文、第三章正文、第四章正文和封底页。具体创建过程这里不赘述。

（10）保存演示文稿"WPS 演示文稿动画设计教程.pptx"，然后放映各张幻灯片，观看各张幻灯的版式结构。

【任务 3-7】灵活设置幻灯片中多种类型的动画效果

【任务描述】

为演示文稿"WPS 演示文稿动画设计教程.pptx"各张幻灯片中的各个对象设计与设置合适的动画效果。

【任务实现】

打开演示文稿"WPS 演示文稿动画设计教程.pptx"，为各张幻灯片中的各个对象灵活设置合适的动画效果。

1. 封面与目录页的动画设计

（1）设置第 1 张幻灯片（封面）对象的动画效果

第 1 张幻灯片（封面）的外观效果如图 3-83 所示。

图 3-83　演示文稿"WPS 演示文稿动画设计教程.pptx"中第 1 张幻灯片的外观效果

第 1 张幻灯片对象的动画设置要求如表 3-3 所示。

表 3-3　演示文稿"WPS 演示文稿动画设计教程.pptx"第 1 张幻灯片中对象的动画设置要求

动画排序	对象名称	动画名称	动画（文本）属性	开始播放	持续时间	延迟时间
1	文本框 2：精彩纷呈的 WPS 演示文稿动画设计	缩放	从屏幕底部缩小	在上一动画之后	00.50	00.00
2	图片 3	渐变	—	在上一动画之后	00.50	00.00
3	图片 4	缩放	外	在上一动画之后	00.50	00.00
4	图片 14（强调）	陀螺旋	完全旋转　顺时针	与上一动画同时	10.00	00.01
5	图片 14（进入）	旋转	水平	与上一动画同时	10.00	00.01
6	图片 14（动作路径）	自定义路径	解除锁定	与上一动画同时	10.00	00.00

将图片 14 的重复属性设置为"直到幻灯片末尾"，其他各个叶片图片的强调、进入、动作路径的动画效果与图片 14 类似。

（2）设置第 2 张幻灯片（目录页）对象的动画效果

第 2 张幻灯片（目录页）的外观效果如图 3-84 所示。

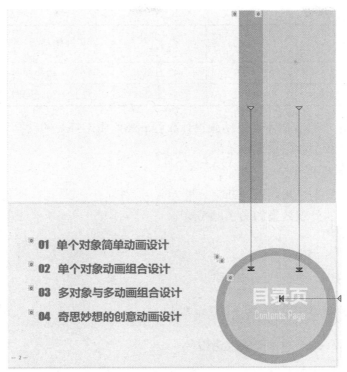

图 3-84　演示文稿"WPS 演示文稿动画设计教程.pptx"中第 2 张幻灯片的外观效果

第 2 张幻灯片对象的动画设置要求如表 3-4 所示。

表 3-4　演示文稿"WPS 演示文稿动画设计教程.pptx"第 2 张幻灯片中对象的动画设置要求

动画排序	对象名称	动画名称	动画（文本）属性	开始播放	持续时间	延迟时间
1	文本框 5：目录页	消失（退出）	整体播放	与上一动画同时	—	00.00
2	矩形 17	自定义路径	解除锁定	与上一动画同时	00.50	00.00
3	矩形 16	自定义路径	解除锁定	与上一动画同时	00.50	01.00
4	椭圆 20	圆形扩展	外	在上一动画之后	01.10	00.01
5	椭圆 18	圆形扩展	外	与上一动画同时	00.50	00.20
6	椭圆 21	出现	—	与上一动画同时	—	00.60
7	文本框 5：目录页	自定义路径	解除锁定	与上一动画同时	01.00	01.20
8	文本框 5：目录页	渐变式缩放（进入）	整体播放	与上一动画同时	01.00	01.20
9	椭圆 19	出现	—	与上一动画同时	—	03.50
10	文本框 1	切入	自顶部	与上一动画同时	00.50	02.00
11	文本框 2	切入	自左侧	与上一动画同时	00.50	02.30

续表

动画排序	对象名称	动画名称	动画（文本）属性	开始播放	持续时间	延迟时间
12	文本框 3	切入	自右侧	与上一动画同时	00.50	02.60
13	文本框 4	切入	自底部	与上一动画同时	00.50	02.90

保存演示文稿"WPS 演示文稿动画设计教程.pptx"中幻灯片的动画设置，放映已设置好动画的幻灯片，观察动画设置的效果。

2. 单个对象简单动画设计

（1）设置第 3 张幻灯片对象的动画效果

第 3 张幻灯片的外观效果如图 3-85 所示。

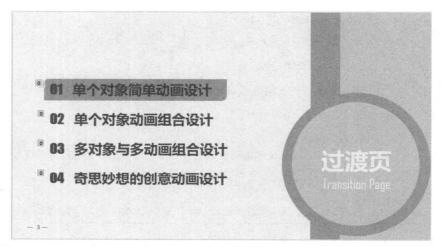

图 3-85　演示文稿"WPS 演示文稿动画设计教程.pptx"中第 3 张幻灯片的外观效果

第 3 张幻灯片对象的动画设置要求如表 3-5 所示。

表 3-5　演示文稿"WPS 演示文稿动画设计教程.pptx"第 3 张幻灯片中对象的动画设置要求

动画排序	对象名称	动画名称	动画属性	开始播放	持续时间	延迟时间
1	文本框 6	切入	自顶部	与上一动画同时	00.50	00.00
2	文本框 7	切入	自左侧	与上一动画同时	00.50	00.30
3	文本框 8	切入	自右侧	与上一动画同时	00.50	00.60
4	文本框 9	切入	自底部	与上一动画同时	00.50	00.90
5	任意多边形 2	擦除	自左侧	在上一动画之后	00.50	00.00

（2）设置第 4 张幻灯片对象的动画效果

第 4 张幻灯片的外观效果如图 3-86 所示。

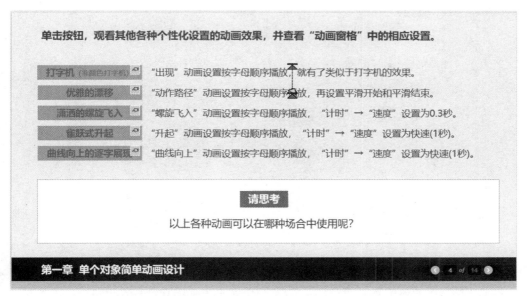

图 3-86　演示文稿"WPS 演示文稿动画设计教程.pptx"中第 4 张幻灯片的外观效果

第 4 张幻灯片对象的动画设置要求如表 3-6 所示。

表 3-6　演示文稿"WPS 演示文稿动画设计教程.pptx"第 4 张幻灯片中对象的动画设置要求

动画排序	对象名称	动画名称	动画（文本）属性	开始播放	持续时间	延迟时间
1	矩形 45	出现	声音：ding.wav， 动画文本：按字母， 字母之间延迟秒数：0.1	单击时	—	00.00
2	矩形 7	渐变式缩放	动画文本：按字母顺序	单击时	00.50	00.00
3	矩形 7	向上	解除锁定	在上一动画之后	00.50	00.00
4	矩形 7	向下	解除锁定	在上一动画之后	00.50	00.00
5	矩形 15	螺旋飞入	动画文本：按字母顺序， 字母之间延迟：10%	单击时	00.30	00.00
6	矩形 20	升起	动画文本：按字母顺序， 字母之间延迟：10%	单击时	01.00	00.00
7	矩形 24	曲线向上	动画文本：按字母顺序， 字母之间延迟：10%	单击时	01.00	00.00

保存演示文稿"WPS 演示文稿动画设计教程.pptx"中幻灯片的动画设置，放映已设置好动画的幻灯片，观察动画设置的效果。

3. 单个对象组合动画设计

（1）设置第 5 张幻灯片对象的动画效果

第 5 张幻灯片的外观效果如图 3-87 所示。

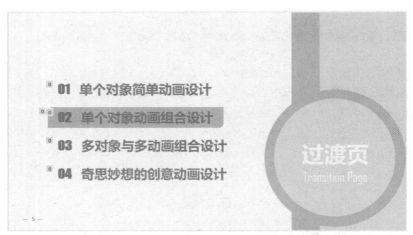

图 3-87　演示文稿"WPS 演示文稿动画设计教程.pptx"中第 5 张幻灯片的外观效果

　　第 5 张幻灯片对象的动画设置与第 3 张幻灯片类似，不同的是任意多边形位于"02 单个对象动画组合设计"位置，请参考第 3 张幻灯片的动画设置进行设置，在此不赘述。

（2）设置第 6 张幻灯片对象的动画效果

第 6 张幻灯片的外观效果如图 3-88 所示。

图 3-88　演示文稿"WPS 演示文稿动画设计教程.pptx"中第 6 张幻灯片的外观效果

　　第 6 张幻灯片椭圆 1 的动画设置要求如表 3-7 所示。

表 3-7　演示文稿"WPS 演示文稿动画设计教程.pptx"第 6 张幻灯片中椭圆 1 的动画设置要求

动画排序	对象名称	动画名称	动画属性	开始播放	持续时间	延迟时间
1	椭圆 1	渐变式回旋	—	在上一动画之后	—	—
2	椭圆 1	放大/缩小	两者	在上一动画之后	00.10	00.00

续表

动画排序	对象名称	动画名称	动画属性	开始播放	持续时间	延迟时间
3	椭圆 1	放大/缩小	两者	在上一动画之后	00.20	00.00
4	椭圆 1	放大/缩小	两者	在上一动画之后	00.10	00.00
5	椭圆 1	放大/缩小	两者	在上一动画之后	00.20	00.00

第 6 张幻灯片中椭圆 9、椭圆 13 的动画设置方法与椭圆 1 类似，在此不赘述。

（3）设置第 7 张幻灯片对象的动画效果

第 7 张幻灯片的外观效果如图 3-89 所示。

图 3-89　演示文稿"WPS 演示文稿动画设计教程.pptx"中第 7 张幻灯片的外观效果

第 7 张幻灯片图片 6 的动画设置要求如表 3-8 所示。

表 3-8　演示文稿"WPS 演示文稿动画设计教程.pptx"第 7 张幻灯片中图片 6 的动画设置要求

动画排序	对象名称	动画名称	动画属性	开始播放	持续时间	延迟时间
1	图片 6	渐变	—	与上一动画同时	01.25	00.30
2	图片 6	飞入	自左上部	与上一动画同时	01.00	00.30
3	图片 6	陀螺旋	完全旋转，顺时针	与上一动画同时	01.00	00.30

第 7 张幻灯片中其他各张图片的动画设置方法图片 6 类似，在此不赘述。

4. 多对象与多动画组合设计

（1）设置第 8 张幻灯片对象的动画效果

第 8 张幻灯片的外观效果如图 3-90 所示。

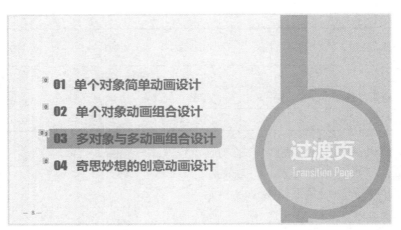

图 3-90　演示文稿"WPS 演示文稿动画设计教程.pptx"中第 8 张幻灯片的外观效果

第 8 张幻灯片对象的动画设置方法与第 3 张幻灯片类似，不同的是任意多边形位于"03 多对象与多动画组合设计"位置。

（2）设置第 9 张幻灯片对象的动画效果

第 9 张幻灯片的外观效果如图 3-91 所示。

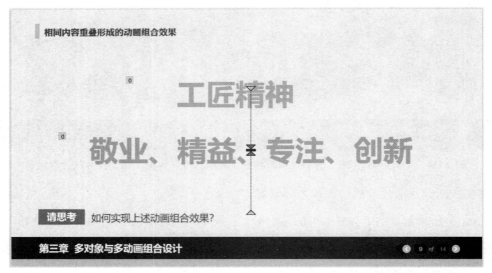

图 3-91　演示文稿"WPS 演示文稿动画设计教程.pptx"中第 9 张幻灯片的外观效果

第 9 张幻灯片对象的动画设置要求如表 3-9 所示。

表 3-9　演示文稿"WPS 演示文稿动画设计教程.pptx"第 9 张幻灯片中对象的动画设置要求

动画排序	对象名称	动画名称	动画（文本）属性	开始播放	持续时间	延迟时间
1	矩形 57	线形	整体播放	在上一动画之后	00.30	00.00
2	矩形 57	伸缩	整体播放	在上一动画之后	00.50	00.00
3	矩形 58	渐变	整体播放	与上一动画同时	01.00	00.00

续表

动画排序	对象名称	动画名称	动画（文本）属性	开始播放	持续时间	延迟时间
4	矩形 58	忽明忽暗	整体播放	与上一动画同时	01.00	00.00
5	文本框 18	渐变	整体播放	与上一动画同时	00.25	00.00
6	文本框 18	向上	解除锁定	与上一动画同时	00.25	00.00
7	文本框 1	出现	整体播放	与上一动画同时	—	00.30
8	文本框 1	渐变	整体播放	与上一动画同时	00.75	00.30
9	文本框 1	放大/缩小	两者	与上一动画同时	00.50	00.30
10	文本框 17	渐变	整体播放	与上一动画同时	00.50	00.00
11	文本框 17	向下	解除锁定	与上一动画同时	00.50	00.00

　　保存演示文稿"WPS 演示文稿动画设计教程.pptx"中幻灯片的动画设置，放映已设置好动画的幻灯片，观察动画设置的效果。

　　5. 奇思妙想的创意动画设计

　　（1）设置第 10 张幻灯片对象的动画效果

　　第 10 张幻灯片的外观效果如图 3-92 所示。

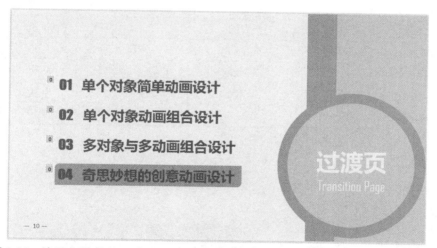

图 3-92　演示文稿"WPS 演示文稿动画设计教程.pptx"中第 10 张幻灯片的外观效果

　　第 10 张幻灯片对象的动画设置方法与第 3 张幻灯片类似，不同的是任意多边形位于"04　奇思妙想的创意动画设计"位置。

　　（2）设置第 11 张幻灯片对象的动画效果

　　第 11 张幻灯片的外观效果如图 3-93 所示。

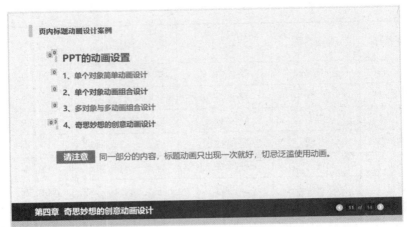

图 3-93　演示文稿"WPS 演示文稿动画设计教程.pptx"中第 11 张幻灯片的外观效果

第 11 张幻灯片对象的动画设置要求如表 3-10 所示。

表 3-10　演示文稿"WPS 演示文稿动画设计教程.pptx"第 11 张幻灯片中对象的动画设置要求

动画排序	对象名称	动画名称	动画属性	开始播放	持续时间	延迟时间
1	矩形 6	飞入	自右侧	在上一动画之后	00.50	00.00
2	文本框 13	飞入	自右侧	与上一动画同时	00.50	00.20
3	文本框 8	飞入	自右侧	与上一动画同时	00.50	00.65
4	矩形 3	擦除	自左侧	与上一动画同时	00.60	01.20
5	矩形 9	飞入	自顶部	在上一动画之后	00.45	00.00
6	矩形 10	擦除	自左侧	在上一动画之后	00.50	00.00
7	矩形 4	渐变	—	在上一动画之后	00.10	00.00

（3）设置第 12 张幻灯片对象的动画效果

第 12 张幻灯片的外观效果如图 3-94 所示。

图 3-94　演示文稿"WPS 演示文稿动画设计教程.pptx"中第 12 张幻灯片的外观效果

第 12 张幻灯片对象的动画设置要求如表 3-11 所示。

表 3-11 演示文稿"WPS 演示文稿动画设计教程.pptx"第 12 张幻灯片中对象的动画设置要求

动画排序	对象名称	动画名称	动画属性	开始播放	持续时间	延迟时间
1	矩形 3	渐变式缩放	—	在上一动画之后	00.50	00.00
2	矩形 3	陀螺旋	旋转两周，顺时针	与上一动画同时	00.50	00.00
3	图片 16	飞入	自顶部	在上一动画之后	00.50	00.00
4	图片 18	螺旋飞入	—	在上一动画之后	01.00	00.00
5	图片 19	曲线向上	—	在上一动画之后	01.00	00.00
6	图片 17	上升	—	在上一动画之后	00.50	00.00

（4）设置第 13 张幻灯片对象的动画效果

第 13 张幻灯片的外观效果如图 3-95 所示。

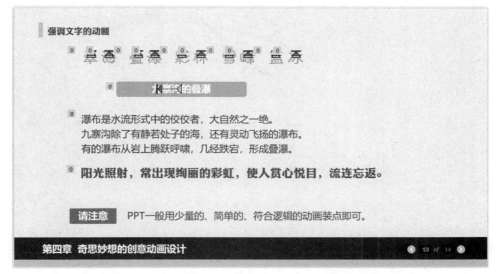

图 3-95 演示文稿"WPS 演示文稿动画设计教程.pptx"中第 13 张幻灯片的外观效果

第 13 张幻灯片矩形 16 的动画设置要求如表 3-12 所示。

表 3-12 演示文稿"WPS 演示文稿动画设计教程.pptx"第 13 张幻灯片中矩形 16 的动画设置要求

动画排序	对象名称	动画名称	动画属性	开始播放	持续时间	延迟时间
1	矩形 16	上升	—	在上一动画之后	00.10	00.00
2	矩形 16	向上	解除锁定	与上一动画同时	00.10	00.10

其他的矩形（分别插入了文字"海、叠、瀑、彩、林、蓝、冰"）的动画设置要求与矩形 16 类似。

第 13 张幻灯片其他对象的动画设置要求如表 3-13 所示。

表 3-13 演示文稿"WPS 演示文稿动画设计教程.pptx"第 13 张幻灯片中其他对象的动画设置要求

动画排序	对象名称	动画名称	动画（文本）属性	开始播放	持续时间	延迟时间
1	圆角矩形 28	渐变	—	在上一动画之后	00.50	00.00
2	圆角矩形 28	向左	解除锁定	与上一动画同时	01.50	00.00
3	文本框 3	颜色打字机	整体播放	在上一动画之后	00.17	00.00
4	文本框 4	缩放	从屏幕底部缩小	在上一动画之后	00.50	00.00

保存演示文稿"WPS 演示文稿动画设计教程.pptx"中幻灯片的动画设置，放映已设置好动画的幻灯片，观察动画设置的效果。

6. 封底页的动画设计

第 14 张幻灯片的外观效果如图 3-96 所示。

图 3-96 演示文稿"WPS 演示文稿动画设计教程.pptx"中第 14 张幻灯片的外观效果

第 14 张幻灯片对象的动画设置要求如表 3-14 所示。

表 3-14 演示文稿"WPS 演示文稿动画设计教程.pptx"第 14 张幻灯片中对象的动画设置要求

动画排序	对象名称	动画名称	动画属性	开始	持续时间	延迟
1	文本框 2	缩放	从屏幕底部缩小	在上一动画之后	00.50	00.00

保存演示文稿"WPS 演示文稿动画设计教程.pptx"后，放映各张幻灯片，观察动画设置的效果。

7. 幻灯片的切换设计

演示文稿"WPS 演示文稿动画设计教程.pptx"各张幻灯片的切换要求如表 3-15 所示。

表 3-15   演示文稿"WPS 演示文稿动画设计教程.pptx"各张幻灯片的切换要求

幻灯片序号	切换效果	效果选项	速度	幻灯片序号	切换效果	效果选项	速度
1	插入	自右侧	01.00	9	轮辐	4 根	01.00
2	形状	向右	01.00	11	抽出	从左	00.75
3、5、8、10	立方体	自右侧	01.20	12	框	右侧进入	01.60
4	淡出	平滑	00.70	13	梳理	垂直	01.00
6	分割	左右展开	01.50	14	飞机	向右飞	01.25
7	百叶窗	垂直	01.60				

保存演示文稿"WPS 演示文稿动画设计教程.pptx"后，放映各张幻灯片，观察幻灯片的切换效果。

【任务 3-8】设计幻灯片中多个对象的退出动画

【任务描述】

为演示文稿"多个对象退出动画设计.pptx"各张幻灯片中的对象设计与设置合适的退出动画效果。

【任务实现】

打开演示文稿"多个对象退出动画设计.pptx"，为各张幻灯片中的对象设计与设置合适的退出动画效果。第 1 张幻灯片的外观效果如图 3-97 所示。

图 3-97   演示文稿"多个对象退出动画设计.pptx"中第 1 张幻灯片的外观效果

第 1 张幻灯片对象的退出动画设置要求如表 3-16 所示。

表 3-16　演示文稿"多个对象退出动画设计.pptx"第 1 张幻灯片中对象的退出动画设置要求

动画排序	对象名称	动画名称	动画（文本）属性	开始	持续时间	延迟
1	图片 11	渐变式缩放	—	单击时	00.50	00.00
2	图片 11	旋转	水平	与上一动画同时	00.50	00.15
3	图片 11	中心旋转	—	与上一动画同时	00.50	00.15
4	图片 10	渐变式缩放	—	单击时	00.50	00.00
5	图片 10	旋转	水平	与上一动画同时	00.50	00.00
6	图片 10	中心旋转	—	与上一动画同时	00.50	00.00
7	图片 9	缩放	—	单击时	00.50	00.00
8	图片 9	旋转	水平	与上一动画同时	00.50	00.00
9	图片 9	中心旋转	—	与上一动画同时	00.50	00.00
10	矩形 1：武夷山	下沉	整体播放	单击时	01.00	00.00
11	矩形 12：福建土楼	下沉	整体播放	在上一动画之后	01.00	00.00
12	矩形 13：湄洲湾	下沉	整体播放	在上一动画之后	01.00	00.00
13	直接连接符 7	下沉	—	在上一动画之后	01.00	00.00
14	直接连接符 8	下沉	—	在上一动画之后	01.00	00.00

保存演示文稿"多个对象退出动画设计.pptx"后，放映幻灯片，观察动画设置的效果。

【课后习题】

1. 选择题

（1）在 WPS 演示文稿中，若想同时查看多张幻灯片，应选择（　　）视图。

A. 备注页　　　　　　B. 大纲　　　　　　　C. 幻灯片　　　　　　D. 幻灯片浏览

（2）在大纲视图中，只是显示文稿的（　　）内容。

A. 备注幻灯片　　　B. 图片　　　　　　　C. 幻灯片　　　　　　D. 文本

（3）在 WPS 演示文稿中，默认的新建文件名是（　　）。

A. Sheet1　　　　　　B. 演示文稿 1　　　　C. Book1　　　　　　D. 新文件 1

（4）在 WPS 演示文稿中，若想设置幻灯片中对象的动画效果，应选择（　　）视图。

A. 普通　　　　　　　B. 幻灯片浏览　　　　C. 大纲　　　　　　　D. 以上均可

（5）在 WPS 演示文稿的（　　）下，可用鼠标拖动的方法改变幻灯片的顺序。

A. 备注视图　　　　　B. 大纲视图　　　　　C. 阅读视图　　　　　D. 幻灯片浏览视图

（6）在 WPS 演示文稿编辑状态下，在（　　）视图中可以对幻灯片进行移动、复制、排序等操作。

A. 普通　　　　　　　B. 幻灯片浏览　　　　C. 大纲　　　　　　　D. 备注页

（7）WPS 演示文稿不可以保存为（　　）文件。

A. 演示文稿　　　　B. 文稿模板　　　　C. 网页　　　　D. 纯文本

（8）当幻灯片中插入了声音后，幻灯片中将出现（　　）。

A. 喇叭标记　　　　B. 链接按钮　　　　C. 文字说明　　　　D. 链接说明

（9）在"空白幻灯片"中不可以直接插入（　　）对象。

A. 文本框　　　　B. 图片　　　　C. 文本　　　　D. 艺术字

（10）在 WPS 演示文稿中，要同时选定多个图形，可以先按住（　　）键，再用鼠标单击要选定的图形对象。

A. Shift　　　　B. Tab　　　　C. Alt　　　　D. Ctrl

（11）在 WPS 演示文稿的大纲视图中，不能进行的操作是（　　）。

A. 调整幻灯片的顺序　　　　　　　　B. 编辑幻灯片中的文字和标题

C. 设置文字和段落格式　　　　　　　D. 删除幻灯片中的图片

（12）要同时选择第 1、3、5 这三张幻灯片，应该在（　　）视图下操作。

A. 阅读　　　　B. 大纲　　　　C. 幻灯片浏览　　　　D. 以上均可

（13）在"幻灯片浏览"视图中，以下叙述中错误的是（　　）。

A. 在按住【Shift】键的同时单击幻灯片，可选择多个相邻的幻灯片

B. 在按住【Shift】键的同时单击幻灯片，可选择多个不相邻的幻灯片

C. 可同时为选中的多个幻灯片设置幻灯片切换动画

D. 可同时将选中的多个幻灯片隐藏起来

（14）在选择了某种版式的新建空白幻灯片上，可以看到一些带有提示信息的虚线框，这是为标题、文本、图片、图表等内容预留的位置，称为（　　）。

A. 版式　　　　B. 模板　　　　C. 方案　　　　D. 占位符

（15）要改变幻灯片的顺序，可以切换到"幻灯片浏览"视图，单击选定的（　　）将其拖动到新的位置即可。

A. 文件　　　　B. 幻灯片　　　　C. 图片　　　　D. 模板

（16）为所有幻灯片设置统一的、特有的外观风格，应使用（　　）。

A. 母版　　　　B. 配色方案　　　　C. 自动版式　　　　D. 幻灯片切换

（17）下列有关幻灯片页面版式的描述中，错误的是（　　）。

A. 幻灯片应用模板一旦选定，就不可以更改

B. 幻灯片的大小尺寸可以更改

C. 一篇演示文稿中只允许使用一种母版格式

D. 一篇演示文稿中不同幻灯片的配色方案可以不同

（18）WPS 演示文稿中的每张幻灯片都是基于某种（　　）创建的，它预定义了新建幻灯片的各种占位符的布局情况。

A. 模板　　　　B. 模型　　　　C. 视图　　　　D. 版式

（19）为创建一些内容与格式相同或相近的幻灯片，可以使用 WPS 的（　　）功能。

A. 模板　　　　B. 插入域　　　　C. 样式　　　　D. 插入对象

（20）所谓"母版"就是一种特殊的幻灯片，包含了幻灯片文本和页脚（如日期、时间和幻灯片编号）等占位符，这些占位符，控制了幻灯片的（　　）、阴影和项目符号样式等

版式要素。

A. 文本　　　　　　　　　　　　　　B. 图片

C. 字体、字号、颜色　　　　　　　　D. 插入对象

（21）如果要终止幻灯片的放映，可直接按（　　　）键。

A. 【Ctrl】+【C】　　　　　　　　　B. 【Esc】

C. 【Alt】+【F4】　　　　　　　　　D. 【End】

（22）在 WPS 文档中插入的超级链接，可以链接到（　　　）。

A. Internet 上的 Web 页　　　　　　B. 电子邮件地址

C. 本地磁盘上的文件　　　　　　　　D. 以上均可以

（23）在幻灯片"操作设置"对话框中设置的超级链接，其对象不可以是（　　　）。

A. 下一张幻灯片　　　　　　　　　　B. 上一张幻灯片

C. 其他演示文稿　　　　　　　　　　D. 幻灯片中的某一对象

（24）设置 WPS 对象的超级链接功能是指把对象链接到其他（　　　）上。

A. 图片　　　　　　　　　　　　　　B. 幻灯片、文件或程序

C. 文字　　　　　　　　　　　　　　D. 以上均可

（25）要在选定的幻灯片版式中输入文字，可以（　　　）。

A. 直接输入文字

B. 先单击占位符，然后输入文字

C. 先删除占位符中的系统显示的文字，然后输入文字

D. 先删除占位符，然后输入文字

（26）下列各项中（　　　）不能控制幻灯片外观一致的方法。

A. 母版　　　　　　　　　　　　　　B. 模板

C. 背景　　　　　　　　　　　　　　D. 普通视图

（27）在幻灯片母版中插入的对象，只能在（　　　）中修改。

A. 普通视图　　　B. 幻灯片母版　　　C. 讲义母版　　　D. 大纲视图

（28）在空白幻灯片中不可以直接插入（　　　）。

A. 文本框　　　　B. 文字　　　　　　C. 艺术字　　　　D. WPS 表格

（29）幻灯片内的动画效果，通过（　　　）选项卡进行设置。

A. 设计　　　　　B. 动画　　　　　　C. 幻灯片放映　　D. 视图

（30）WPS 演示文稿的默认扩展名是（　　　）。

A. ppt　　　　　　B. xlsx　　　　　　C. dps　　　　　　D. docx

（31）在 WPS 演示文稿中，要修改"配色方案"，应选择的选项卡是（　　　）。

A. "开始"　　　　B. "视图"　　　　C. "设计"　　　　D. "切换"

（32）在 WPS 演示文稿中，"智能美化"功能按钮在什么位置（　　　）。

A. "插入"选项卡　　　　　　　　　　B. "开始"选项卡

C. "视图"选项卡　　　　　　　　　　D. "设计"选项卡和幻灯片底部

（33）在 WPS 演示文稿中，为实现图片的创意裁剪，可以使用什么功能（　　　）。

A. 智能美化　　　　　　　　　　　　B. 页面设置

C. 自定义动画　　　　　　　　　　　D. 切换效果

（34）在当前打开的 WPS 演示文稿中，添加一张幻灯片的操作为（　　　）。

A. 在"文件"菜单的下拉菜单中选择"新建"命令

B. 在"插入"选项卡中单击"新建幻灯片"按钮

C. 在快速访问工具栏中单击"新建"按钮

D. 在"开始"选项卡中单击"新建幻灯片"按钮

（35）在 WPS 演示文稿中，动态数字功能在什么位置（　　　）。

A. "开始"选项卡　　　　　　　　　　B. "切换"选项卡

C. "动画"选项卡　　　　　　　　　　D. "视图"选项卡

（36）在 WPS 演示文稿中打开文件，以下正确的是（　　　）。

A. 只能打开 1 个文件

B. 最多能打开 4 个文件

C. 能打开多个文件，但不可以同时将它们打开

D. 能打开多个文件，可以同时将它们打开

（37）在 WPS 演示文稿中，能出现"排练计时"按钮的选项卡是（　　　）。

A. 动画　　　　　　B. 切换　　　　　　C. 开始　　　　　　D. 放映

（38）如果要修改幻灯片中文本框内的内容，最快速的方法是（　　　）。

A. 首先删除文本框，然后重新插入一个文本框

B. 选择该文本框中所要修改的内容，然后进行修改即可

C. 重新选择带有文本框的版式，然后向文本框内输入文字

D. 用新插入的文本框覆盖原文本框

（39）下列操作中，不能关闭当前打开的 WPS 演示文稿的是（　　　）。

A. 单击"文件"菜单，在弹出的下拉菜单中选择"退出"命令

B. 单击 WPS 演示文稿窗口右上角的"关闭"按钮

C. 按【Alt】+【F4】快捷键

D. 按【Esc】键

（40）在幻灯片的"动作设置"对话框中设置的超链接对象不允许是（　　　）。

A. 下一张幻灯片　　　　　　　　　　B. 一个应用程序

C. 其他演示文稿　　　　　　　　　　D. "幻灯片"中的一个对象

（41）关于幻灯片动画效果，下列说法中不正确的是（　　　）。

A. 可以为动画效果添加声音

B. 可以预览动画效果

C. 对于同一个对象不可以添加多个动画效果

D. 可以调整动画效果顺序

2. 填空题

（1）在 WPS 演示的视图模式中，最常用的是（　　　）视图模式。

（2）在（　　　）视图中浏览 WPS 演示文稿时，可以看到整个演示文稿的内容，各幻灯

片将按次序排列。

（3）WPS 演示的母版视图包括（　　　）、讲义母版和备注母版 3 种。

（4）如果要从当前幻灯片"溶解"到下一张幻灯片，应先选中下一张幻灯片，然后切换到（　　）选项卡中，在"切换效果"下拉列表中选择"溶解"。

（5）在 WPS 演示文稿中，如果希望在演示过程中终止幻灯片的演示，则随时可按（　　）快捷键实现。

（6）放映 WPS 演示文稿当前幻灯片页的快捷键是（　　　）。

模块 4　信息检索

信息检索是人们进行信息查询和获取的主要方式，是查找信息的方法和手段，也是信息化时代应当具备的基本信息素养之一。信息检索能力是信息素养的集中表现，提高信息素养最有效的途径是通过学习信息检索的基本知识，进而培养自身的信息检索能力。

【技能训练】

【技能训练 4-1】借助百度网站搜索信息

打开百度网站首页，然后完成以下各项操作。

【操作 1】：使用百度搜索引擎的基本查询功能搜索"区块链的定义"。

【操作 2】：搜索"阿坝县旅游宣传片"。

【操作 3】：通过"百度识图"技术搜索一张"景点图片"对应的旅游景点名称。

【操作 4】：利用百度翻译将中文短句"纸上得来终觉浅，绝知此事要躬行"翻译为英文。

【操作 5】：使用百度搜索引擎的高级搜索功能搜索长沙市的华为手机专卖店。

【操作提示】

启动浏览器，然后在地址栏中输入百度网址，按【Enter】键，打开百度首页，

1. 搜索"区块链的定义"

在百度首页的搜索内容输入框中输入"区块链的定义"，然后单击"百度一下"按钮，即可获取搜索结果。然后单击搜索结果中的超链接，可以打开"区块链的定义"对应的网页，将所需内容复制文档中即可。

2. 搜索"阿坝县旅游宣传片"

在百度首页单击导航按钮"视频"，切换到"视频"页面，然后在搜索内容输入框中输入"阿坝县旅游宣传片"，然后单击"百度一下"按钮，即可获取搜索结果，如图 4-1 所示。接着选择所需的视频在线观看或下载到计算机中。

图 4-1　搜索"阿坝县旅游宣传片"

3. 搜索"张家界景点图片"

在百度首页的搜索内容输入框中输入"张家界景点图片"，然后单击"百度一下"按钮，即可获取搜索结果。单击导航按钮"图片"，切换到"图片"页面，找到所需的景点图片，然后保存至计算机中即可。

打开"百度首页"，在其搜索框中单击"按图片搜索"按钮◎，打开"图片选择"界面，如图 4-2 所示。

图 4-2　百度网站的"图片选择"界面

在"图片选择"界面用户可以拖曳图片或者输入图片地址，也可以单击"选择文件"按钮，在弹出的"打开"对话框中选择如图 4-3 所示图片，然后单击"打开"按钮，搜索结果如图 4-4 所示。

图 4-3　张家界景点图片

图 4-4　张家界景点图片搜索结果

从搜索结果可以看出，该景点图片为"张家界国家森林公园"。

4. 将中文短句翻译为英文

打开百度首页，在顶部导航中单击"更多"超链接，打开"百度产品大全"页面，在

"搜索服务"区域，单击"百度翻译"超链接，打开"百度翻译"网页，在左侧文本输入框中输入"纸上得来终觉浅，绝知此事要躬行"，单击"翻译"按钮，右侧会自动显示对应英文"You never know what you have to do"。

5. 使用百度搜索引擎的高级搜索功能搜索长沙市的华为手机专卖店

使用搜索引擎的高级查询功能可以在搜索时实现包含完整关键词、包含任意关键词和不包含某些关键词等搜索。下面使用百度的高级查询功能进行搜索，操作步骤如下。

（1）打开百度首页，将鼠标指针移至右上角的"设置"超链接上，在弹出的下拉列表中选择"高级搜索"选项，如图 4-5 所示。

（2）打开"高级搜索"选项卡，在"包含全部关键词"文本框中输入"长沙"文本，要求查询结果页面中要包含"长沙"关键词；在"包含完整关键词"文本框中输入"手机专卖店"文本，要求查询结果页面中要包含"手机专卖店"完整关键词，即关键词不会被拆分；在"包含任意关键词"文本框中输入"华为"文本，要求查询结果页面中要包含"华为"关键词；在"不包括关键词"文本框中输入"苹果"文本，要求查询结果页面中不包含"苹果"关键词，"高级搜索"选项设置如图 4-6 所示。

图 4-5　在"设置"下拉列表中选择"高级搜索"选项

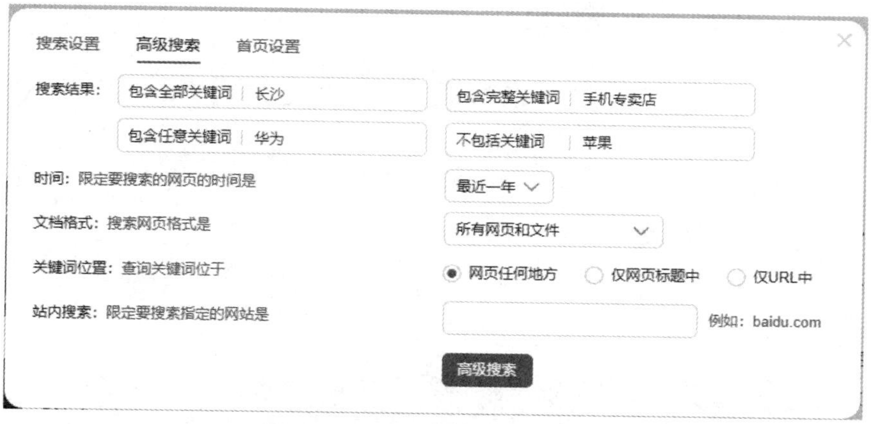

图 4-6　设置"高级搜索"选项

（3）单击"高级搜索"按钮完成搜索，搜索结果中的一项如图 4-7 所示。

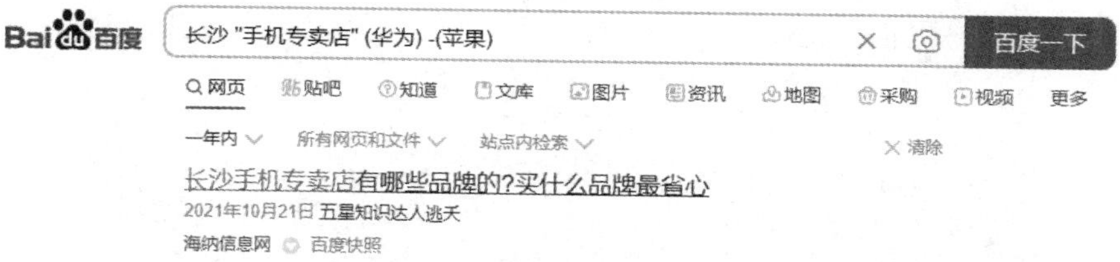

图 4-7　"高级搜索"结果中的一项

【技能训练 4-2】通过信息平台进行信息检索

借助专用信息平台完成以下各项操作。

【操作 1】：借助百度网站检索标题中包含"量子通信"关键词的所有页面。

【操作 2】：借助抖音网页版搜索有关"云计算"的视频。

【操作提示】

1. 借助百度网站检索标题中包含"量子通信"关键词的所有页面

启动浏览器，然后在地址栏中输入百度网址，按【Enter】键，打开百度首页。在百度首页"搜索框"中输入"intitle:量子通信"文本，按【Enter】键或单击"百度一下"按钮就可以得到检索结果，可以看到每个页面的标题中都包含"量子通信"关键词，如图 4-8 所示。

图 4-8　检索标题中包含"量子通信"关键词的结果

2. 借助抖音网页版搜索有关"云计算"的视频

启动网页版的"抖音"软件，在左侧分类列表中选择"知识"，在搜索框中输入"云计算"，如图 4-9 所示。

图 4-9　在分类列表中选择"知识"分类与在搜索框中输入"云计算"

然后单击"搜索"按钮，搜索与"云计算"相关的视频，同时自动播放找到的第 1 个视频，如图 4-10 所示。

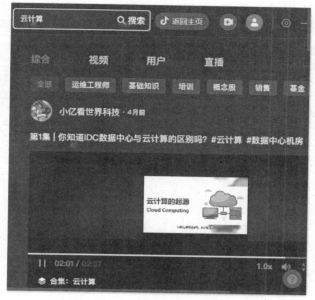

图 4-10 播放搜索到的视频文件

【综合实战】

【任务 4-1】体验文献检索、数据检索和事实检索

【任务描述】

1. 在国家统计局的"国家数据"（网址：https://data.stats.gov.cn/）页面中按以下要求进行检查。

（1）检索"2021 年年末全国人口总量是多少？"

（2）检索"广东省 2021 年第四季度 GDP"

（2）在"2020 年第七次全国人口普查主要数据"文档中检索"第七次全国人口普查男女性别比为多少？"

2. 在国家统计局的"统计数据"页面（网址为 http://www.stats.gov.cn/tjsj/）中，在"第七次全国人口普查公报（第七号）"中检索"第七次全国人口普查结果之城乡人口和流动人员情况"。

【任务实现】

（1）打开"国家统计局"的"国家数据"页面

打开浏览器，在网址输入框中输入网址 https://data.stats.gov.cn/，按【Enter】键，即可打开"国家统计局"的"国家数据"页面。

（2）检索"2021 年年末全国人口总量"

在该页面上方的右侧"统计热词"区域单击"总人口"超链接，即可打开"总人口"的搜索结果，如图 4-11 所示，从搜索结果中可以看出 2021 年年末全国人口总量为 141260 万人。

图 4-11　全国总人口数据的检索结果

（3）检索"广东省 2021 年第四季度 GDP"

在"国家数据"页面"搜索内容"输入框中输入"2021 年 广东 GDP"，如图 4-12 所示。然后单击"搜索"按钮，下方即可显示对应的搜索结果，可以看出：广东省 2021 年第四季度 GDP 为 124369.67 亿元。

图 4-12　广东省 2021 年第四季度 GDP 的检索结果

（4）检索"第七次全国人口普查男女性别比为多少？"

在"国家数据"页面顶部导航栏中单击"普查数据"按钮，打开"国家统计局>>普查数据"页面，在"普查数据"列表中单击"第七次人口普查主要数据"超链接，打开 PDF文档"P020211126523667366751.pdf"，该文档的内容为"2020 年第七次全国人口普查主要数据",翻页到第 6 页,该页内容为"历次普查人口性别构成",从表格中的数据可以看出第七次全国人口普查男女性别比为"105.07",如图 4-13 所示。

普查年份 Census Years	全国人口 National Population			性别比 (女 =100) Sex Ratio (Female=100)
	合计 Both Sexes	男 Male	女 Female	
1953	58260	30190	28070	107.56
1964	69458	35652	33806	105.46
1982	100818	51944	48874	106.30
1990	113368	58495	54873	106.60
2000	126583	65355	61228	106.74
2010	133972	68685	65287	105.20
2020	141178	72334	68844	105.07

单位:万人　　　　　　　　　　　　　　　　　　　　　　　　(10000 persons)

图 41-3　全国人口普查男女性别比

(5)检索"第七次全国人口普查结果之城乡人口和流动人员情况"

在国家统计局的"统计数据"页面"统计公报"区域单击"人口普查公报"超链接,打开"国家统计局>>人口普查公报"页面,在"全国人口普查公报"区域单击"第七次全国人口普查公报(第七号)"超链接,打开"第七次全国人口普查公报(第七号)",在该公报中可以检索"城乡人口和流动人员情况",详细内容如下:

一、城乡人口

全国人口中,居住在城镇的人口为 901991162 人,占 63.89%(2020 年我国户籍人口城镇化率为 45.4%);居住在乡村的人口为 509787562 人,占 36.11%。与 2010 年第六次全国人口普查相比,城镇人口增加 236415856 人,乡村人口减少 164361984 人,城镇人口比重上升 14.21 个百分点。

二、流动人口

全国人口中,人户分离人口[6]为 492762506 人,其中,市辖区内人户分离[7]人口为 116945747 人,流动人口为 375816759 人。流动人口中,跨省流动人口为 124837153 人,省内流动人口为 250979606 人。与 2010 年第六次全国人口普查相比,人户分离人口增加 231376431 人,增长 88.52%;市辖区内人户分离人口增加 76986324 人,增长 192.66%;流动人口增加 154390107 人,增长 69.73%。

(6)问题探究

本任务中所完成的各项检索分别属于哪种检索类型,运用什么检索工具,使用哪些检索词,检索结果是否与检索要求相符。

【任务 4-2】通过专用平台进行信息检索

【任务描述】

（1）在"百度学术"搜索页面搜索"信息素养的培养方式"相关的论文。

（2）在"国家科技图书文献中心"网站中检索有关"计算机工程"的期刊。

（3）在 CALIS 的"学位论文中心服务系统"中检索有关"物联网"的学位论文。

（4）在"万方数据"中检索有关"智能手机"的专利信息。

（5）在"中国商标网"中检索与"清风"类似的商标。

【任务实施】

1. 在"百度学术"搜索页面搜索"信息素养的培养方式"相关的论文

打开"百度学术"搜索页面，在搜索框中输入"信息素养的培养方式"，单击"百度一下"按钮，下方会呈现出百度学术的搜索结果，同时，在每条搜索结果中还可以看到论文的标题、简介、作者、被引量、来源等信息，"按被引量"排序的搜索结果如图 4-14所示。

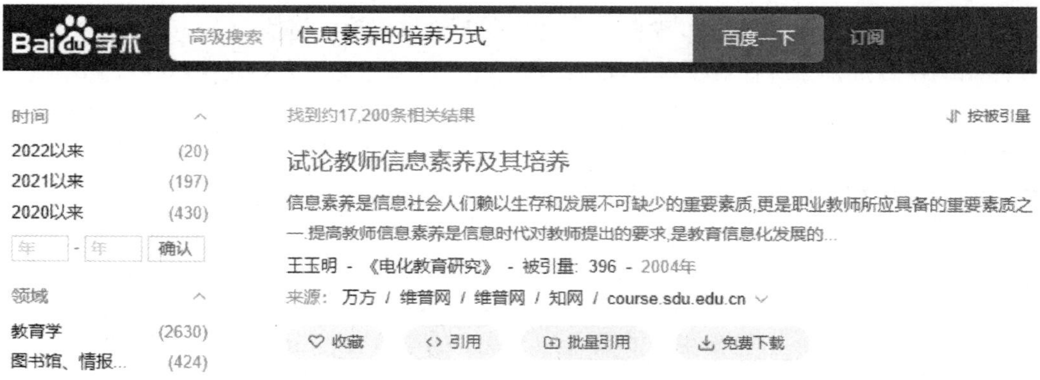

图 4-14 "按索引量"排序的搜索结果

在搜索结果中单击论文的标题，在打开的页面中可以查看更详细的信息。

如果需要在自己的论文中引用该论文的内容，则可以单击页面中的 `<> 引用` 按钮，在打开的"引用"对话框中将生成几种标准的引用格式，用户可以根据需要进行复制即可。

2. 在"国家科技图书文献中心"网站中检索有关"计算机工程"的期刊

（1）启动浏览器，在地址栏中输入网址 https://www.nstl.gov.cn/，按【Enter】键，打开"国家科技图书文献中心"网站首页，撤销选中"会议"、"学位论文"两个选项，在搜索框中输入关键词"计算机工程"，单击"检索"按钮，如图 4-15 所示。

【提示】：如果用户知道待检索期刊的国际标准期刊号（ISSN），便可进行精确检索。方法为：在"国家科技图书文献中心"首页中单击"高级检索"超链接，进入"高级检索"页面，然后在"检索条件"的第一个下拉列表框中选择"ISSN"选项，如图 4-16 所示，并在右侧的文本框中输入 ISSN，然后单击"检索"按钮进行精确检索。

图 4-15　检索有关"计算机工程"期刊的结果

图 4-16　在"高级检索"页面选择"ISSN"

（2）在打开的页面中可以看到查询结果，但其中有些内容是不属于"计算机工程"期刊的。此时单击网页左侧"期刊"栏中的"计算机工程"超链接，进行限定条件搜索，稍后便可检索到只包含"计算机工程"的期刊内容，如图 4-17 所示。

图 4-17　只包含"计算机工程"期刊内容的检索结果

3. 在 CALIS 的"学位论文中心服务系统"中检索有关"物联网"的学位论文

打开 CALIS 的学位论文中心服务系统（网址为 http://etd.calis.edu.cn/）页面，在搜索框中输入关键词"工业物联网"，然后单击"检索"按钮，如图 4-18 所示。

图 4-18　CALIS 的学位论文中心服务系统的搜索界面

在打开的页面中可以看到查询结果，包括每篇学术论文的"名称"、"作者"、"学位年度"、"学位名称"、"主题词"、"摘要"等信息，如图 4-19 所示。单击论文名称即可在打开的页面中看到该论文的详细内容。

图 4-19　有关"工业物联网"学位论文的搜索结果

4. 在"万方数据"中检索有关"智能手机"的专利信息

（1）在浏览器地址栏中输入万方数据网站网址，进入"万方数据"首页，如图 4-20 所示。

图 4-20　"万方数据"首页

在"资源导航"区域单击"专利"超链接，然后在搜索框中输入关键词"智能手机"，最后单击"检索"按钮。

（2）在打开的页面中可以看到检索结果，包括每条专利的名称、专利人、摘要等信息，如图 4-21 所示。单击专利名称，在打开的页面中可以看到更详细的内容。如果需要查看该专利的完整内容，则可以单击"在线阅读"按钮、"下载"按钮、"导出"按钮（需要注册和登录）。

图 4-21　"万方数据"中检索"智能手机"的结果

5. 在"中国商标网"中检索与"清风"类似的商标

（1）打开"中国商标网"网站首页，如图 4-22 所示。

图 4-22　"中国商标网"网站首页

（2）单击"商标网上查询"超链接，然后单击"我接受"按钮，进入"查询方式"选取页面，如图 4-23 所示。

图 4-23　"查询方式"选取页面

（3）单击"商标近似查询"按钮，打开"商标近似查询"页面，在"自动查询"选项卡中设置要查询商标的"国际分类"、"查询方式"、"商标名称"选项，这里在"国际分类"文本框中输入"9"，在"商标名称"文本框中输入"清风"，然后单击"查询"按钮，如图 4-24 所示。

图 4-24　设置"自动查询"选项

【说明】：在"自动查询"模式下，用户要设置"国际分类"、"查询方式"、"商标名称"3 个选项，且系统采用默认算法并在算法规则前做标记；在"选择查询"模式下，用户除了要设置上述 3 项信息外，还需要设置"查询类型"，在该模式下，系统按用户选中的算法规则进行检索。

（4）在打开的页面中可以看到查询结果，包括每个商标的"申请/注册号"、"申请日期"、"商标名称"、"申请人名称"等信息，如图 4-25 所示。单击商标名称即可在打开的页面中看到该商标的详细内容。

图 4-25　检索与"清风"类似商标的结果

【任务 4-3】检索数字信息资源

【任务描述】

（1）在中国知网中采用"文献检索"类型通过"主题"检索论文"区块链分片技术"。

（2）在中国知网中采用"一框式检索"方式检索中国工程院院士"丁荣军"发表的期刊论文。

（3）在中国知网中采用"专业检索"方式检索"袁隆平"发表期刊论文的主题中含有粮食及水稻的文献。

【任务实现】

1. 采用"文献检索"方式通过"主题"检索论文"区块链分片技术综述"

（1）在浏览器地址栏中输入中国知网的网址，按【Enter】键，即打开"中国知网"首页。

（2）这里采用"文献检索"方式，单击搜索框，在下拉列表中选取"主题"检索字段，并在输入框内输入对应的内容"区块链分片技术"，按【Enter】键或单击"检索"按钮，便可开始进行搜索。检索结果列表如图 4-26 所示。

图 4-26　检索论文"区块链分片技术"的结果列表

（3）CNKI 的注册用户可下载和浏览文献全文，系统提供了手机阅读、HTML 阅读、CAJ 下载和 PDF 下载多种阅读或下载方式。单击文献标题，即可进入文献介绍页面，如图 4-27 所示。

图 4-27　文献介绍页面

2. 采用"一框式"方式检索中国工程院院士"丁荣军"发表的期刊论文。

（1）打开"中国知网"首页，单击搜索框，在下拉列表中选取"作者"检索字段。

（2）在输入框内输入作者姓名"丁荣军"，按【Enter】键或单击"检索"按钮，便可开始进行搜索。检索结果列表如图 4-28 所示。

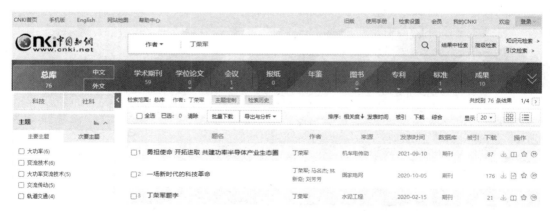

图 4-28　"一框式检索"中国工程院院士"丁荣军"发表的期刊论文的结果

3. 采用"专业检索"方式检索"袁隆平"发表期刊论文的主题中含有粮食及水稻的文献。

（1）打开"中国知网"首页，打开"专业搜索"页面。

（2）在"专业搜索"页面的"检索框"中输入检索表达式为："AU=袁隆平 AND SU=粮食+水稻"，如图 4-29 所示。

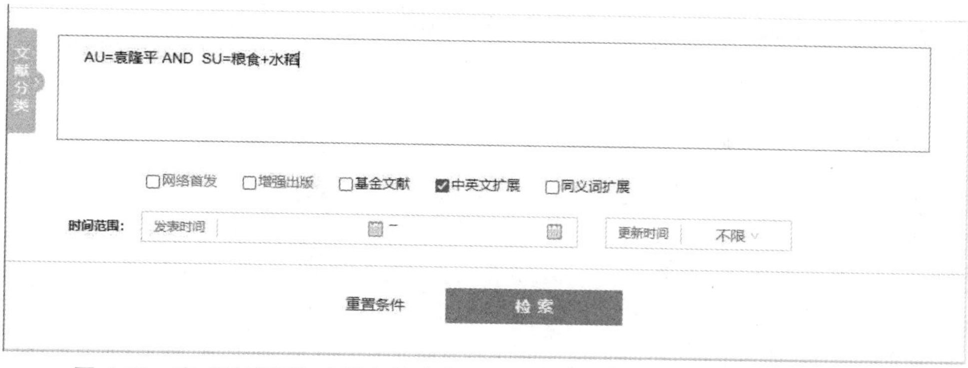

图 4-29 在"检索框"中输入检索表达式"AU=袁隆平 AND SU=粮食+水稻"

（3）单击"检索"按钮可以看到如图 4-30 所示的检索结果。

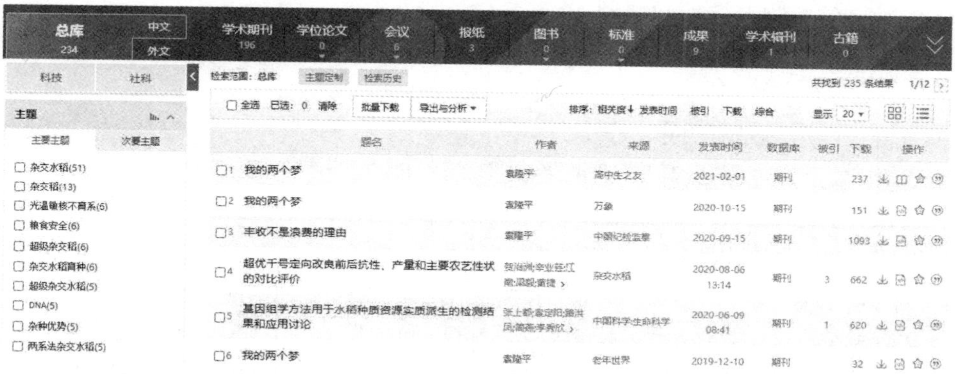

图 4-30 检索"袁隆平"发表期刊论文的主题中含有粮食及水稻的结果

在中国知网检索结果界面可以看到检出的文献记录总数，检索结果以"题名、作者、来源、发表时间、数据库、被引、下载、操作"的题录形式显示。若想看文章的摘要、关键词、DOI、专辑、分类号等文献介绍信息，则需要单击"题名"链接，如图 4-31 所示；若要看全文，则要单击"HTML 阅读"或者"CAJ 下载"或者"PDF 下载"按钮。

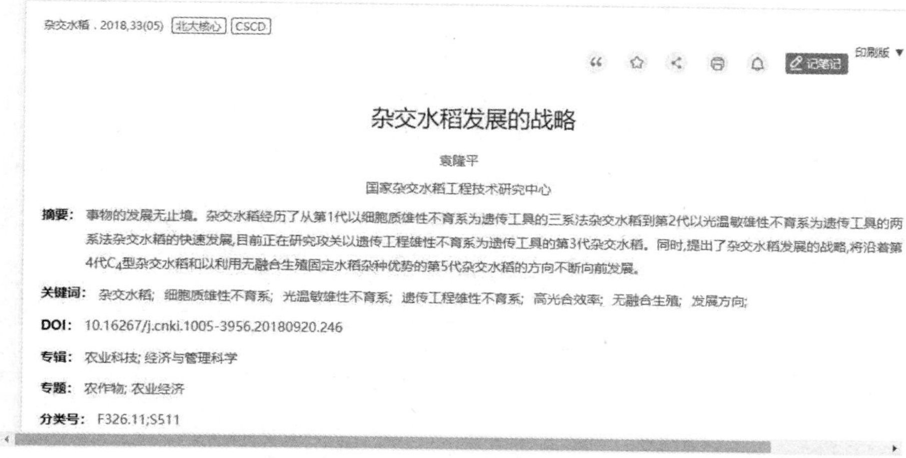

图 4-31 文献介绍页面

【课后习题】

1. 选择题

（1）在信息检索的通配符功能中，"*"匹配（　　）字符。

A. 1 个　　　　　　B. 2 个　　　　　　C. 多个　　　　　　D. 单个

（2）在中国知网 CNKI 数据库中，要想获得以"高校图书馆信息化建设"作为"题名"的文献，检索内容应为（　　）。

A. 主题：高校图书馆信息化建设

B. 篇名：高校图书馆信息化建设

C. 关键词：高校图书馆信息化建设

D. 摘要：高校图书馆信息化建设

（3）在计算机信息检索中，用于组配检索词和限定检索范围的布尔逻辑运算符正确的是（　　）。

A. 逻辑"与"，逻辑"或"，逻辑"在"

B. 逻辑"与"，逻辑"或"，逻辑"非"

C. 逻辑"与"，逻辑"并"，逻辑"非"

D. 逻辑"和"，逻辑"或"，逻辑"非"

（4）下列信息检索分类中，不属于按检索对象划分的是（　　）。

A. 文献检索　　　　B. 手工检索　　　　C. 数据检索　　　　D. 事实检索

（5）（　　）指人们在计算机或者计算机检索网络终端上，使用特定的检索策略、检索指令、检索词，从计算机检索系统的数据库中检索出所需信息后，再由终端设备显示、下载和打印相关信息的过程。

A. 事实检索　　　　B. 计算机检索　　　　C. 直接检索　　　　D. 数据检索

（6）下列关于搜索引擎的说法中，错误的是（　　）。

A. 使用搜索引擎进行信息检索是目前进行信息检索的常用方式

B. 用户在目录索引查找网站时，可以使用关键词进行查询

C. 搜索引擎按其工作方式主要有目录检索和关键词查询两种方式

D. 著名的元搜索引擎有 InfoSpace、Dogpile、Vivisimo 等

（7）下列选项中，不属于布尔逻辑运算符的是（　　）。

A. NEAR　　　　　　B. OR　　　　　　C. NOT　　　　　　D. AND

（8）利用百度搜索引擎检索信息时，要将检索范围限制在网页标题中，应使用的指令是（　　）。

A. site　　　　　　B. inurl　　　　　　C. intitle　　　　　　D. info

（9）要进行专利信息检索，应选择的平台是（　　）。

A. 百度学术　　　　　　　　　　B. CALIS 学位论文中心服务系统

C. 中国商标网　　　　　　　　　D. 万方数据知识服务平台

（10）要检索期刊信息，以下哪一个网站或平台无法检索（　　）。

A. 中国知网   B. 万方数据知识服务平台

C. CALIS 学位论文中心服务系统   D. "国家科技图书文献中心"网站

2. 填空题

（1）广义的信息检索包括（　　）和（　　）两个过程。

（2）信息检索的划分标准有多种，通常会按（　　）、（　　）和检索途径三种方式来划分。

（3）（　　）是一种相关性检索，它不会直接给出用户所提出问题的答案，只会提供相关的文献。

（4）（　　）是目前广泛应用的主流搜索引擎，比较有代表性的全文搜索引擎有百度、360 搜索、Google 等。

（5）通过 site 指令可以查询到某个网站被该搜索引擎收录的页面数量，其格式为（　　）。

（6）互联网中有很多用于检索学术信息的网站，在其中可以检索各种学术论文。在国内，这类网站主要有（　　）、万方数据知识服务平台、（　　）等。

模块 5　认知新一代信息技术

信息技术的应用与信息资源的共享为人们的工作、生活、学习带来了诸多便利，处于信息社会和信息时代，了解和熟悉信息技术已成为高效工作和快乐生活的必备技能。

【技能训练】

【技能训练 5-1】探析人工智能的发展趋势

经过 60 多年的发展，人工智能在算法、算力（计算能力）和算料（数据）等"三算"方面取得了重要突破，正处于从"不能用"到"可以用"的技术拐点，但是距离"很好用"还有诸多瓶颈。

在可以预见的未来，人工智能的发展趋势展望如下。

1. 从专用智能向通用智能发展

如何实现从专用人工智能向通用人工智能的跨越式发展，既是下一代人工智能发展的必然趋势，也是研究与应用领域的重大挑战。微软公司在 2017 年成立了通用人工智能实验室，众多感知、学习、推理、自然语言理解等方面的科学家参与其中。

2. 从人工智能向人机混合智能发展

借鉴脑科学和认知科学的研究成果是人工智能的一个重要研究方向。人机混合智能旨在将人的作用或认知模型引入到人工智能系统中，提升人工智能系统的性能，使人工智能成为人类智能的自然延伸和拓展，通过人机协同更加高效地解决复杂问题。

3. 从"人工＋智能"向自主智能系统发展

当前人工智能领域的大量研究集中在深度学习，但是深度学习的局限是需要大量人工干预，例如，人工设计深度神经网络模型、人工设定应用场景、人工采集和标注大量训练数据、用户需要人工适配智能系统等，非常费时费力。因此，科研人员开始关注减少人工干预的自主智能方法，提高机器智能对环境的自主学习能力。

4. 人工智能将加速与其他学科领域交叉渗透

人工智能本身是一门综合性的前沿学科和高度交叉的复合型学科，研究范畴广泛而又异常复杂，其发展需要与计算机科学、数学、认知科学、神经科学和社会科学等学科深度融合。随着超分辨率光学成像、光遗传学调控、透明脑、体细胞克隆等技术的突破，脑与认知科学的发展开启了新时代，能够大规模、更精细解析智力的神经环路基础和机制，人工智能将进入生物启发的智能阶段，依赖于生物学、脑科学、生命科学和心理学等学科的发现，将机理变为可计算的模型，同时人工智能也会促进脑科学、认知科学、生命科学甚至化学、物理、天文学等传统科学的发展。

5. 人工智能产业将蓬勃发展

随着人工智能技术的进一步成熟以及政府和产业界投入的日益增长，人工智能应用的云端化将不断加速，全球人工智能产业规模在未来 10 年将进入高速增长期。

6. 人工智能将推动人类进入普惠型智能社会

"人工智能＋X"的创新模式将随着技术和产业的发展日趋成熟，对生产力和产业结构产生革命性影响，并推动人类进入普惠型智能社会。我国经济社会转型升级对人工智能有重大需求，在消费场景和行业应用的需求牵引下，需要打破人工智能的感知瓶颈、交互瓶颈和决策瓶颈，促进人工智能技术与社会各行各业的融合提升，建设若干标杆性的应用场景创新，实现成本低、效益高、范围广的普惠型智能社会。

7. 人工智能的社会学将提上议程

为了确保人工智能的健康可持续发展，使其发展成果造福于民，需要从社会学的角度系统全面地研究人工智能对人类社会的影响，制定完善人工智能法律法规，规避可能的风险。2017 年 9 月，联合国犯罪和司法研究所（Unicri）决定在海牙成立第一个联合国人工智能和机器人中心，规范人工智能的发展。

【技能训练 5-2】分析大数据在营销领域的应用

本质上，市场营销策略的大数据应用，就是通过对用户行为的特征进行深度分析和挖掘，获取用户的喜好与购买习惯，甚至做到"比用户更了解用户自己"。

大数据应用在营销领域的产品定位、市场评估、消费习惯以及需求预测与营销活动方面都具有巨大的商业价值。从产品定位的角度，通过数据采集与分析可以充分了解市场信息，掌握竞品动向和产品在竞争群中所占有的市场份额；在市场评估过程中，区域人口、消费者水平、消费者习惯爱好、对产品的认知程度决定了产品对市场的供求状况；通过积累和挖掘消费者档案及历史消费数据，分析消费者行为和价值取向，构建消费者画像实现精准营销；通过需求预测来制定和更新产品服务功能价格，从而对不同细分市场的政策进行优化，最大化地实现各个细分市场的利益。

1. 应用大数据提升企业广告投放策略

广告能通过对人群的定向，投放给准确的目标顾客，特别是互联网广告现在能够做到根据不同的人群向其发布最适合的广告，同时谁看了广告，看了多少次广告，都可以通过数据化的形式来了解、监测，以使得企业更好地评测广告效果，从而也使得企业的广告投放策略更加有效。

2. 应用大数据实施精准推广策略

一方面可以实时全面地收集、分析消费者的相关信息数据，从而根据其不同的偏好、兴趣以及购买习惯等特征有针对性、准确地向他们推销最合适他们的产品或服务。另一方面，可以通过适时、动态地更新、丰富消费者的数据信息，并利用数据挖掘消费者下一步或更深层次的需求，进而进一步加大推广力度，最终达到极大增加企业利润的目标。

3. 应用大数据实施个性化产品策略

传统市场营销产品策略主要是，同样包装同等质量的产品卖给所有的客户，或同一个品牌，若干不同包装不同质量层次的产品卖给若干大群客户，这使得很多企业的很多产品越来越失去对消费者的吸引力，越来越不能满足消费者的个性化需求。大数据可以通过相关性分析，将客户和产品进行有机关联，对用户的产品偏好、客户的关系偏好进行个性化定位，进而反馈给企业的品牌、产品研发部门，并推出与消费者个性相匹配的产品。

4. 制定科学的价格体系策略

通过大数据迅速搜集消费者的海量数据，分析洞察和预测消费者的偏好、消费者价格接受度；分析各种渠道形式的销量与价格相关性；以及消费者对企业所规划的各种产品组合的价格段的反应，使之能够利用大数据技术了解消费者的行为和反馈，深刻理解消费者的需求、关注消费者的行为，进而高效分析信息并做出预测，不断调整产品的功能方向，验证产品的商业价值，制定科学的价格策略。

就大数据分析而言，其主要内容还是对消费者行为数据进行收集，然后通过标签规则进行消费者区分标识（打上标签）。对消费者做了丰富的标签后，企业就可以制定因人而异的营销活动，并将不同的营销信息推送给不同的消费者。

【技能训练 5-3】分析物联网技术在医疗行业的应用

物联网技术在医疗领域的应用潜力巨大，以物联网技术为基础的无线传感器网络在检测人体生理数据、老年人健康状况、医院药品管理以及远程医疗等方面可以发挥出色的作用。

物联网技术在医疗行业中有多方面的应用，其基本应用包括人员管理智能化、医疗过程智能化、供应链管理智能化等。

（1）人员管理智能化

主要应用包括实现对患者的监护跟踪安全系统、婴儿安全管理系统、医护人员管理系统等。有效加强病人流动管理、出入婴儿室和产妇病房人士的管理，对控婴管理、母亲与护理人员身份的确认，在出现偷抱或误抱时及时发出报警，同时可对新生婴儿身体状况信息进行记录和查询，确认掌握新生婴儿安全。

（2）医疗过程智能化

依靠物联网技术通信和应用平台，实现包括实时付费以及网上诊断、网上病理切片分析、设备的互通等，以及挂号、诊疗、查验、住院、手术、护理、出院、结算等智能服务。

（3）供应链管理智能化

依靠物联网技术，实现对医院资产、药品、血液、医院消毒物品等的智能化管理。产品物流过程涉及很多企业不同信息，企业需要掌握货物的具体地点等信息，从而做出及时反应。在药品生产上，通过物联网技术实施对生产流程、市场的流动以及病人用药的全方位的检测。

（4）医疗废弃物管理智能化

用户可以通过界面采集数据、提炼数据、获得管理功能，并进行分析、统计、报表，以做出管理决策，这也为企业提供了一个数据输入、导入、上传的平台。

（5）健康管理智能化

实行家庭安全监护，实时得到病人的全面医疗信息。而远程医疗和自助医疗，信息及时采集和高度共享，可缓解资源短缺、资源分配不均的窘境，降低公众医疗成本。

【综合实战】

【任务 5-1】探析大数据与各行各业的融合应用

【任务描述】

试探析大数据与医疗、金融、零售、电商、农牧、交通、教育、体育、环保、食品等行业的融合应用。

【任务实现】

大数据时代的出现，简单地讲是海量数据同完美计算能力结合的结果，确切地说是移动互联网、物联网产生了海量的数据，大数据计算技术完美地解决了海量数据的收集、存储、计算、分析的问题。

1. 医疗大数据　看病更高效

除了较早前就开始利用大数据的互联网公司，医疗行业是让大数据分析最先发扬光大的传统行业之一。医疗行业拥有大量的病例、病理报告、治愈方案、药物报告等。如果这些数据可以被整理和应用将会极大地帮助医生和病人。我们面对的数目及种类众多的病菌、病毒，以及肿瘤细胞，其都处于不断进化的过程中。在发现诊断疾病时，疾病的确诊和治疗方案的确定是最困难的。

在未来，借助于大数据平台我们可以收集不同病例和治疗方案，以及病人的基本特征，可以建立针对疾病特点的数据库。如果未来基因技术发展成熟，可以根据病人的基因序列特点进行分类，建立医疗行业的病人分类数据库。在医生诊断病人时可以参考病人的疾病特征、化验报告和检测报告，参考疾病数据库来快速帮助病人确诊，明确定位疾病。在制定治疗方案时，医生可以依据病人的基因特点，调取相似基因、年龄、人种、身体情况相同的有效治疗方案，制定出适合病人的治疗方案，帮助更多人及时进行治疗。同时这些数据也有利于医药行业开发出更加有效的药物和医疗器械。

2. 金融大数据　理财利器

大数据在金融行业应用范围较广，典型的案例有招商银行利用客户刷卡、存取款、电子银行转账、微信评论等行为数据进行分析，每周给客户发送针对性广告信息，里面有客户可能感兴趣的产品和优惠信息。大数据在金融行业的应用可以总结为以下 5 个方面。

（1）精准营销：依据客户消费习惯、地理位置、消费时间进行推荐。

（2）风险管控：依据客户消费和现金流提供信用评级或融资支持，利用客户社交行为记录实施信用卡反欺诈。

（3）决策支持：利用决策树技术进行抵押贷款管理，利用数据分析报告实施产业信贷风险控制。

（4）效率提升：利用金融行业全局数据了解业务运营薄弱点，利用大数据技术加快内部数据处理速度。

（5）产品设计：利用大数据计算技术为财富客户推荐产品，利用客户行为数据设计满足客户需求的金融产品。

3. 零售大数据　最懂消费者

零售行业大数据应用有两个层面，一个层面是零售行业可以了解客户消费喜好和趋势，进行商品的精准营销，降低营销成本。另一个层面是依据客户购买商品，为客户提供可能购买的其他商品，扩大销售额，也属于精准营销范畴。另外零售行业可以通过大数据掌握未来消费趋势，有利于热销商品的进货管理和过季商品的处理。零售行业的数据对于商品的生产厂家是非常宝贵的，零售商的数据信息将会有助于资源的有效利用，降低产能过剩，厂商依据零售商的信息按实际需求进行生产，减少不必要的生产浪费。

想象一下这样的场景，当顾客在地铁候车时，墙上有某一零售商的巨幅数字屏幕广告，可以自由浏览商品信息，对感兴趣的或需要购买的商品用手机扫描下单，约定在晚些时候送到家中。而在顾客浏览商品并最终选购商品后，商家已经了解顾客的喜好及个人详细信息，按要求配货并送达顾客家中。未来，甚至顾客都不需要有任何购买动作，利用之前购买行为产生的大数据，当你的沐浴露剩下最后一滴时，你中意的沐浴露就已送到你的手上，而虽然顾客和商家从未谋面，但已如朋友般熟识。

4. 电商大数据　精准营销法宝

电商是最早利用大数据进行精准营销的行业，除了精准营销，电商可以依据客户消费习惯来提前为客户备货，并利用便利店作为货物中转点，在客户下单后迅速将货物送上门，提高客户体验。

电商可以利用其交易数据和现金流数据，为其生态圈内的商户提供基于现金流的小额贷款，电商行业也可以将此数据提供给银行，同银行合作为中小企业提供信贷支持。由于电商的数据较为集中，数据量足够大，数据种类较多，因此未来电商大数据应用将会有更多的应用场景，包括预测流行趋势、消费趋势、地域消费特点、客户消费习惯、各种消费行为的相关度、消费热点、影响消费的重要因素等。依托大数据分析，电商的消费报告将有利于品牌公司产品设计，生产企业的库存管理和计划生产，物流企业的资源配置，生产资料提供方产能安排等，有利于精细化社会化大生产，有利于精细化社会的出现。

5. 农牧大数据　量化生产

大数据在农业中的应用主要是指依据未来商业需求的预测来进行农牧产品生产，降低菜贱伤农的概率。同时大数据分析将会更加精确地预测未来的天气情况，帮助农牧民做好自然灾害的预防工作。大数据同时也会帮助农民依据消费者消费习惯来增加哪些品种的种植，减少哪些品种农作物的生产，提高单位种植面积的产值，同时有助于快速销售农产品，完成资金回流。牧民可以通过大数据分析来安排放牧范围，有效利用牧场。渔民可以利用大数据安排休渔期、定位捕鱼范围等。

由于农产品不容易保存，因此合理种植和养殖农产品就显得十分重要。如果没有规划好，容易产生菜贱伤农的问题。过去出现的猪肉过剩、卷心菜过剩、香蕉过剩的原因就是农牧业没有规划好。借助于大数据提供的消费趋势报告和消费习惯报告，政府将为农牧业生产提供合理引导，建议依据需求进行生产，避免产能过剩，造成不必要的资源和社会财富浪费。农业关乎到国计民生，科学的规划将有助于社会整体效率提升。大数据技术可以帮助政府实现农业的精细化管理，实现科学决策。在数据驱动下，结合无人机技术，农民可以采集农产品生长信息，病虫害信息。相对于过去雇佣飞机，其成本将大大降低，同时精度也将大大提高。

6. 交通大数据　畅通出行

交通作为人类行为的重要组成和重要条件之一，对于大数据的感知也是最急迫的。目前，交通的大数据应用主要在两个方面，一方面可以利用大数据传感器数据来了解车辆通行密度，合理进行道路规划包括单行线路规划。另一方面可以利用大数据来实现即时信号灯调度，提高已有线路运行能力。科学地安排信号灯是一个复杂的系统工程，必须利用大数据计算平台才能计算出一个较为合理的方案。科学的信号灯安排将会提高30%左右已有道路的通行能力。机场的航班起降依靠大数据将会提高航班管理的效率，航空公司利用大数据可以提高上座率，降低运行成本。铁路利用大数据可以有效安排客运和货运列车，提高效率、降低成本。

7. 教育大数据　因材施教

随着技术的发展，信息技术已在教育领域有了越来越广泛的应用。考试、课堂、师生互动、校园设备使用、家校关系……只要技术达到的地方，各个环节都被数据包裹。

在课堂上，数据不仅可以帮助改善教育教学，在重大教育决策制定和教育改革方面，大数据更有用武之地。大数据还可以帮助家长和教师甄别出孩子的学习差距和有效的学习方法。例如，某公司开发出了一种预测评估工具，帮助学生评估他们已有的知识和达标测验所需程度的差距，进而指出学生有待提高的地方。评估工具可以让教师跟踪学生学习情况，从而找到学生的学习特点和方法。有些学生适合按部就班，有些则更适合图式信息和整合信息的非线性学习。这些都可以通过大数据搜集和分析很快识别出来，从而为教育教学提供坚实的依据。

毫无疑问，在不远的将来，无论是针对教育管理部门，还是校长、教师，以及学生和家长，都可以得到针对不同应用的个性化分析报告。通过大数据的分析来优化教育机制，也可以做出更科学的决策，这将带来潜在的教育革命。不久的将来个性化学习终端，将会更多地融入学习资源云平台，根据每个学生的不同兴趣爱好和特长，推送相关领域的前沿技术、资讯、资源乃至未来职业发展方向等，并贯穿每个人终身学习的全过程。

8. 体育大数据　夺冠精灵

大数据对于体育的改变可以说是方方面面的，从运动员本身来讲，可穿戴设备收集的数据可以让自己更了解身体状况。媒体评论员，通过大数据提供的数据可以更好地解说比赛，分析比赛。数据已经通过大数据分析转化成了洞察力，为体育竞技中的胜利增加筹码，也为身处世界各地的体育爱好者随时随地观赏比赛提供了个性化的体验。有教练表示："在球场上，比赛的输赢取决于比赛策略和战术，以及赛场上连续对打期间的快速反应和决策，但这些细节转瞬即逝，所以数据分析成为一场比赛最关键的部分。对于那些拥护并利用大数据进行决策的选手而言，他们毋庸置疑地将赢得足够竞争优势。"

9. 环保大数据　对抗自然灾害

借助于大数据技术，天气预报的准确性和实效性将会大大提高，预报的及时性将会大大提升，同时对于重大自然灾害，例如龙卷风，通过大数据计算平台，人们将会更加精确地了解其运动轨迹和危害的等级，有利于帮助人们提高应对自然灾害的能力。天气预报的准确度的提升和预测周期的延长将会有利于农业生产的安排。

10. 食品大数据　舌尖上的安全

随着科学技术和生活水平的不断提高，食品添加剂及食品品种越来越多，传统手段难以满足当前复杂的食品监管需求，从不断出现的食品安全问题来看，食品监管成了食品安全的棘手问题。此刻，通过大数据管理将海量数据聚合在一起，将离散的数据需求聚合能形成数据长尾，从而满足传统中难以实现的需求。在数据驱动下，采集人们在互联网上提供的举报信息，国家可以掌握部分乡村和城市的死角信息，挖出不法加工点，提高执法透明度，降低执法成本。国家可以参考医院提供的就诊信息，分析出涉及食品安全的信息，及时进行监督检查，第一时间进行处理，降低已有不安全食品的危害。参考个体在互联网上的搜索信息，掌握流行疾病在某些区域和季节的爆发趋势，及时进行干预，降低其流行危害。政府可以提供不安全食品厂商信息、不安全食品信息，帮助人们提高食品安全意识。

当然，食品安全涉及从田头到餐桌的每一个环节，需要覆盖全过程的动态监测才能保障食品安全，以稻米生产为例，产地、品种、土壤、水质、病虫害发生、农药种类与数量、化肥、收获、储藏、加工、运输、销售等环节，无一不影响稻米安全状况，通过收集、分析各环节的数据，可以预测某产地将收获的稻谷或生产的稻米是否存在安全隐患。

大数据不仅能带来商业价值，也能产生社会价值。随着信息技术的发展，食品监管也面临着众多的各种类型的海量数据，如何从中提取有效数据成为关键所在。可见，大数据管理是一项巨大挑战，一方面要及时提取数据以满足食品安全监管需求；另一方面需在数据的潜在价值与个人隐私之间进行平衡。相信大数据管理在食品监管方面的应用，可以为食品安全撑起一把有力的保护伞。

【任务 5-2】探析人工智能对人们生活的积极影响

【任务描述】

试探析人工智能对人们生活的积极影响。

【任务实现】

人工智能对人们生活的积极影响有以下多个方面。

1. 更好地满足人类需求

人工智能具有思维推理和行为实践的双重功能，可以更好地在物质上和精神上满足人的需求。

2. 人类劳动工作方式趋于简单并提高效率趋向自由

就人类科技发展的历史看来，从"蒸汽时代"到"电力时代"，再到"信息时代"，人们从自然中不断获得全新的动力，但是结果却是相同的，使人们的工作变得"省劲"，我们也必须意识到，"为省劲而废的劲是技术"。

人工智能技术不仅可以在工作中大大减轻人类的体力劳动，甚至人工智能的一些"机器学习、记忆、自动推理"的功能，还可以极大地降低人类脑力劳动的强度，并辅助人类进行数据分析或事务决策。人工智能的目的就是想要用无机物构成的机器来部分取代人类有机大脑的部分功能，可以在体力和脑力上双重性地帮助人减轻劳动负担。人类拥有更多的可自由支配的时间，来完成其余事务，这无疑使得人类生活变得效率更高，更加自由。例如，机器人和专家系统分别帮助人解放体力和脑力劳动。

3. 人类的衣食住行等基本生活方式丰富化发展

人工智能技术与人类衣食住行等各种用具的结合，将彻底改变人类的生活方式。

（1）智能服装

智能服装是在传统服装的基础上，加入电子智能设备，使之能够读出人体心跳和呼吸频率；能够自动播放音乐；能够在胸前显示文字与图像，一件衣服能同时播放音乐和视频、调节温度，甚至上网冲浪。

（2）智能餐具

在餐具上植入智能设备，例如，公用智能餐具，适用于食堂等公共场所，便于顾客结账算账，而对于家用智能餐具，如智能筷子，可以快速分析事物成分和能量比例，便于用户判断食物优劣。

（3）智能家电

智能冰箱、智能电视等智能家电现在已经进入了千家万户，利用语音识别、图像识别等技术，这些家电在便利操控和安全性能上无疑更具有优势。

（4）智能汽车

智能汽车的无人驾驶技术正在紧锣密鼓地发展之中，相信在不久的将来，人类将不必为交通堵塞、驾驶疲劳等事务烦心，而可以利用交通的时间更好地学习工作。

4. 人类生活安全保障性提高

目前的安全防盗技术，主要是用数字密码和电磁密码等安全保障措施，这些密码保障方式虽然足够先进，但依然有漏洞和破绽可循，容易被破解盗取。而人工智能领域图像识别和计算机视觉等技术，提供了人面识别、指纹识别、虹膜识别等保密方式，使人们生活中的秘密、隐私，以及人身财产安全，能够得到更多的保障。

5. 人类的社会交往与娱乐方式发生革新

最好的实例就是智能手机的社交功能与体感游戏机的娱乐功能，是人工智能在社交和娱乐方面应用的典范。智能手机可使得陌生人的联系变得更加容易，社交活动更容易展开，当然，这其中有一定风险性，需要审慎对待；而体感游戏机在使人得到休闲娱乐的同时，也在一定程度上不仅帮助人锻炼了体魄变得更加健康，而且培养了人的身体协调性与互助协作精神。

【课后习题】

1. 选择题

（1）云计算是一种基于并高度依赖于（　　　）的计算资源交付模型。

A. 服务器　　　　　B. Internet　　　　　C. 应用程序　　　　　D. 服务

（2）大数据具有 4V 特点，即 Volume、Velocity、Variety、Value，其中 Value 表示的是（　　　）。

A. 数据价值密度高　　　　　　　B. 数据价值密度低

C. 数据量大　　　　　　　　　　D. 数据类型多

（3）二十世纪七十年代以来被称为世界三大尖端技术是空间技术、能源技术和（　　　）。

A. 纳米科学　　　　B. 量子通信　　　　C. 人工智能　　　　D. 基因工程

（4）人工智能是研究使用（　　　）来模拟人的某些思维过程和智能行为（例如，学习、推理、思考、规划等）的学科。

A. 计算机　　　　　B. 云计算　　　　　C. 物联网　　　　　D. 大数据

（5）我们可以根据物联网对信息感知、传输、处理的过程将其划分为三层结构，即感知层、（　　　）和应用层。

A. 硬件层　　　　　B. 网络层　　　　　C. 传输层　　　　　D. 处理层

（6）RFID 属于物联网的（　　　）。

A. 应用层　　　　　B. 网络层　　　　　C. 业务层　　　　　D. 感知层

（7）区块链是一个分布式共享的账本系统，以下不属于区块链账本系统特征的一项是（　　　）。

A. 安全性　　　　　B. 独立性　　　　　C. 非匿名性　　　　D. 开放性

（8）以下对区块链系统的理解正确的有（　　　）。

A. 区块链是一个分布式账本系统　　　B. 存在中心化机构建立信任

C. 每个节点都有账本，不易篡改　　　D. 能够实现价值转移

（9）下列不属于云计算特点的是（　　　）。

A. 高可扩展性　　　B. 按需服务　　　　C. 超大规模　　　　D. 去中心化

（10）人工智能的实际应用不包括（　　　）。

A. 自动驾驶　　　　B. 人工客服　　　　C. 数字货币　　　　D. 智慧医疗

（11）（　　　）是硬件技术和网络技术发展到一定阶段出现的新的技术模型，是对实现

云计算模式所需的所有技术的总称。

A. 云计算技术　　　B. 工业互联网　　　C. RFID 技术　　　　D. 物联网

（12）下列不属于区块链特点的是（　　）。

A. 高可靠性　　　　　　　　　　B. 价值密度低

C. 不可伪造和防篡改　　　　　　D. 数据块链式

2. 填空题

（1）人工智能作为（　　）科学的重要分支，是发展中的综合性前沿学科，将会引领世界的未来。

（2）（　　）通过集群应用、网络技术或分布式文件系统等功能将网络中大量不同类型的存储设备集合起来协同工作，共同对外提供数据存储和业务访问功能。

（3）区块链是（　　）数据存储、加密算法、点对点传输、共识机制等计算机技术的新型应用模式。

（4）区块链本质上是一个去中心化的共享数据库，是一个个分布式的共掌账本，它不再依靠中央处理节点，实现数据的分布式存储、记录与更新，具有较高的（　　）。

（5）（　　）是量子物理与信息技术相结合发展起来的新学科，是对微观物理系统量子态进行人工调控，以全新的方式获取、传输和处理信息。

（6）物联网的基本特征可概括为全面感知、可靠传输和（　　）。

模块 6　提升信息素养与强化社会责任

信息素养与社会责任对个人在各自行业内的发展起着重要作用，信息素养与社会责任是指在信息技术领域，通过对信息行业相关知识的了解，内化形成的职业素养和行为自律能力。

【技能训练】

【技能训练 6-1】自我评价个人的信息素养

从以下几个方面对自己的信息素养进行客观评价：

（1）能够有效地获取所需要的信息。

（2）能够有效地管理与组织信息。

将自己在有效地获取所需要的信息和有效地管理、组织信息等方面的能力表现进行自我评价，并客观地填写在表 6-1 中，并针对信息素养不足的方面采取针对性措施进行提高。

表 6-1　客观评价个人信息素养

评价指标	自我评价	改进措施
（1）了解多种信息检索系统，并使用最恰当的信息检索系统进行信息检索 ✛了解图书馆有哪些信息检索系统（例如，馆藏目录、电子期刊导航、跨库检索平台等） ✛了解在每个信息检索系统中能够检索到哪些类型的信息（例如，检索到的信息是全文、文摘还是题录） ✛了解图书馆信息检索系统中常见的各种检索途径，并且能读懂信息检索系统显示的信息记录格式 ✛理解索书号的含义，了解图书馆文献的排架是按照索书号顺序排列的 ✛了解检索词中受控词（表）的基本知识与使用方法 ✛能够在信息检索系统中找到"帮助"信息，并能有效地利用"帮助" ✛能够使用网络搜索引擎，掌握网络搜索引擎常用的检索技巧 ✛了解网络搜索引擎的检索与图书馆提供的信息检索系统检索的共同点与差异 ✛能够根据需求（查全或查准）评价检索结果，确定检索是否要扩展到其他信息检索系统中		
（2）能够组织与实施有效的检索策略 ✛正确选择检索途径，确定检索标识（例如，索书号、作者等） ✛综合应用自然语言、受控语言及其词表，确定检索词（例如，主题词、关键词、同义词和相关术语）		

续表

评价指标	自我评价	改进措施
✦选择适合的用户检索界面（例如，数据库的基本检索、高级检索、专业检索等） ✦正确使用所选择的信息检索系统提供的检索功能（例如，布尔运算符、截词符等） ✦能够根据需求（查全或查准）评价检索结果、检索策略，确定是否需要修改检索策略		
（3）能够根据需要利用恰当的信息服务获取信息 ✦了解图书馆能够提供的信息服务内容 ✦能够利用图书馆的馆际互借、查新服务、虚拟咨询台、个性化服务等 ✦能够了解与利用其他信息服务机构提供的信息服务		
（5）有效地管理、组织信息 ✦能够认识参考文献中对不同信息源的描述规律 ✦能够按照要求的格式（例如，文后参考文献著录规则等），正确书写参考文献与脚注 ✦能够采用不同的方法保存信息（例如，打印、存档、发送到电子信箱等） ✦能够利用某种信息管理方法管理所需信息，并能利用某种电子信息管理系统		

【技能训练 6-2】从预防计算机病毒入手提高信息安全意识

在使用计算机过程中，如果出现以下异常现象，分析产生这些现象的原因，并采取有效措施保证信息安全。

（1）异常要求输入口令。

（2）程序装入时间比平时长，计算机发出怪叫声，运行异常。

（3）有规律地出现异常现象或显示异常信息，例如，异常死机后又自动重新启动等。

（4）计算机经常出现死机现象或不能正常启动。

（5）程序和数据神秘丢失，文件名不能辨认，可执行文件的大小发生变化。

（6）访问设备时发生异常情况，例如，访问磁盘的时间比平时长，打印机无法联机或打印时出现奇怪字符。

（7）发现不知来源的隐含文件或电子邮件。

计算机使用过程中出现这些异常现象，可能是计算机感染了病毒导致。例如，2017 年 5 月 12 日，全球突发的比特币病毒疯狂袭击公共和商业系统，全球有 70 多个国家和地区受到严重攻击，国内的多个高校校内网、大型企业内网等也纷纷中招，被勒索的用户要在 5 个小时内支付高额赎金（有的需要比特币）才能解密恢复文件。

建议采取以下有力措施防治计算机病毒，保证信息安全。

（1）经常从软件供应商处下载、安装安全补丁程序和升级杀毒软件。

（2）新购置的计算机和新安装的系统，进行系统升级，保证修补所有已知的安全漏洞。

（3）使用高强度的口令。

（4）经常备份重要数据。特别是要做到经常性地对不易复得数据（个人文档、程序源代码等）完全备份。

（5）选择并安装经过公安部认证的防病毒软件，定期对整个硬盘进行病毒检测、清除工作。

（6）安装防火墙（软件防火墙，如 360 安全卫士），提高系统的安全性。

（7）不要打开陌生人发来的电子邮件，无论它们有多么诱人的标题或者附件。同时也要小心处理来自熟人的邮件附件。

（8）正确配置、使用病毒防治软件，并及时更新。

【综合实战】

【任务 6-1】探析知名创新型信息技术企业的初创及发展历程

【任务描述】

针对以下 2 件软件产品和 2 家信息技术企业的初创及发展历程，探析其成功的奥秘和失败的原因。

（1）WPS 软件产品。

（2）人人网。

（3）腾讯公司。

（4）雅虎公司。

【任务实现】

1. 民族硬科技 WPS 是如何炼成的

1989 年 9 月，金山软件创始人、有"中国第一程序员"之称的求伯君，在深圳蔡屋围酒店 501 房间完成了金山第一款软件 WPS1.0，从此揭开中文办公新时代。到 2019 年金山办公科创板上市，WPS 已经在中国软件发展史上留下了不可磨灭的印记。

三十多年来，从金山走出了一大批程序员大佬，被业界称为程序员界的"黄埔军校"，如始终活跃于媒体一线、人人熟知的小米科技"掌舵者"雷军，哔哩哔哩网站的陈睿。

（1）PC 时代：绝地重生

在求伯君写出 WPS 1.0 的 1989 年，几乎每一台中文 DOS 环境中都安装有 WPS，但随着个人计算机操作系统全面进化到 Windows 平台，以及微软持续的投入和推广，微软 Office 文件格式逐渐成为市场主流，形成了事实的行业标准。

1996 年，在巨头和盗版压力下，金山几乎倒闭，其先后推出 WPS 97 和 WPS 2000 来应对，虽然在当时获得了良好口碑，却没有什么利润，市场效果并不理想。

直到 2002 年，金山公司内部做出完全重写 WPS 的决定，推翻以前所有代码。由于采用了新的架构和精练的内核，在程序模块的复用性做了较多优化，最终 WPS 2005 的安装包只有 16MB。

WPS 2005 是第一个全面兼容微软 Office 文件格式的版本，内部代号"V6"，该版本推出三个月以后，个人版下载量突破 3800 万。

（2）移动时代：弯道超车

2011 年，是中国智能手机元年。怎样在移动设备上又快又好地处理文档，是时代赋予办公类软件的必答题。那时候，前瞻性极强的雷军一声令下，WPS 全面吹响进军移动化的号角。彼时全球范围内手机厂商林立，芯片不统一，操作系统不稳定，内存也非常有限……因此，雷军的一声令下，在内部引起不小的骚动。当时 WPS 整个团队没有一个人有移动方面的经验，搭建移动团队的人选只能从 PC 端抽调。

要超车，速度必须要快。"以前的桌面版，一般以月度为单位更新版本，到了移动版本以及后面的在线版本，WPS 团队更新的频率甚至做到了以周为单位，如此的迭代速度在当时对一个千万级代码的软件工程来说，难度可想而知。"参与移动版早期开发的黄嘉宁感慨道。

因为进入市场早，奔跑速度快，WPS 移动版迅速完成从 0 到 1、从 1 到 100 的质变，让 WPS 成功完成弯道超车。2015 年，WPS 移动版分别荣获苹果"APP STORE 年度精选"和谷歌"2015 年度最佳应用"大奖。

2022 年，刚好是 WPS 移动版 10 周年，今天的 WPS 移动版已经非常强大。最新财报数据显示，WPS 移动端已拥有近 3 亿用户。WPS 的用户不需时刻背着计算机，用手机就能轻松、高效地办公。

（3）云时代：协作共享

移动互联网的大潮迅速席卷全国，移动端的数量快速爆发，本地和多端设备之间的文档数据传输日渐成为困扰很多用户的问题。

针对这个问题，WPS 研发团队尝试做了一个当时很受用户喜欢的快速传输文件的网页入口。这个还成为当年获得用户好评排名前三的功能。但这不是效率最高的办法，云才是解决这个问题的最佳途径。

时至今日，金山办公云端上传文档数量已达到 898 亿，日均文档上传量超 1 亿，整体业务已成功完成"云化"，转型为云协作办公解决方案高级服务商。

（4）AI 时代：轻松表达

"简单创作、轻松表达、实现价值的连接"，这是金山办公内部每个员工都烂熟于心的企业使命 slogan。正是抱着这个使命和用技术赋能办公的初心，WPS 在 2017 年成立了 AI 部门。

在今天，AI 技术的发展和应用正在颠覆着各行各业，在办公领域，它也将掀起新一轮效率革命。"轻松表达"，正是 AI 办公时代的关键词。

怎么才算轻松办公？金山办公副总裁姚冬给出的答案是，节省用户时间，提升用户体验。"先说效率方面，比如我们的智能美化、智能表格等功能，甚至可以将用户的操作效率由分钟级提升至秒级；用户体验方面，我们自研的全文翻译引擎，可以轻松解决不同类别文档识别翻译难、排版还原难等问题，快速输出高质量译文。"

目前，WPS 围绕办公领域开发了近 100 项 AI 功能，涵盖全文翻译、文档校对、智能写作、PPT 美化、数据分析等多项应用。自主研发的 OCR 和机器翻译技术达到了国内第一梯队的水平，智能生成的内容占据整体内容资源比例达到 33.6%，智能美化功能月度活跃用户数量超过 100 万。

金山办公仍在不断探索人工智能等新一代信息技术的发展方向，围绕办公领域，持续提升 AI 研发水平，推动办公软件朝着智能化方向发展。

2000 年至 2022 年这 3 年间，就政府和大企业采购办公软件的新增套数来说，WPS 已经占了接近 90% 的市场份额。和几百元的国产办公软件相比，动辄两三千元的微软 Office 套件显得十分昂贵。"以前用户还会指责国产软件产品体验差，但现在在产品层面上，WPS 和 Microsoft Office 已经没有什么差距，包括工商银行、农行这样的大企业用户都开始全面使用 WPS。"上述资深人士表示。

WPS 或许不是最挣钱的工具软件，甚至很长时间里，它需要依靠其他兄弟公司挣钱养活它。但雷军曾说过，"不管赚钱不赚钱，我们 WPS 都要继续做下去。"这不是出于商业角度的考量，30 多年来 WPS 所承载的，不仅仅是中国软件发展水平的投影，更是中华民族精神的一种折射，这种精神和民族使命感有关，和坚持不懈的顽强有关。

2. 腾讯为什么能成功

马化腾在《给全体员工的邮件》中曾经说过："过去，我们总在思考什么是对的。但是现在，我们要更多地想一想什么是能被认同的。"

提到腾讯公司，大家都非常熟悉。1988 年，马化腾筹资 50 万元，创立了腾讯公司。经过 20 多年的发展，腾讯已经成为了我国的顶级公司，无论是玩的游戏还是我们生活中需要的微信、QQ 等社交软件，在我们生活中都是不可缺少的。

2022 年，腾讯公司的总市值已经达到了 2.87 万亿元人民币，腾讯旗下还包括视频、音乐、游戏等方面，可以说，基本上已经成为了我们日常生活中非常重要的一个组成部分。从当初差点破产 100 万元卖掉，到如今 2.87 万亿元登顶，腾讯是如何一步步走向成功的？

（1）腾讯是如何起步的

1993 年，马化腾毕业之后，进入了深圳润迅公司，开始了他的第一份工作，软件工程师。1997 年，一款即时通信软件 ICQ 吸引了他的注意力，并且发现这类即时通信软件将来在中国会被推广开来。

他对 ICQ 所存在的问题进行了整改，并且在 1998 年的时候创立起了最早的腾讯公司。公司创立第二年，腾讯就开发出了适合中国人使用习惯的 ICQ，就是最早的 QQ。这款软件很快就受到了国内的广泛欢迎，使用人数迅速增加。

腾讯和其他的互联网产品一样，在最初的时候资金成为了最大的阻碍。于是马化腾就想要将 QQ 卖出，但是并没有公司收购。后来受到自己好友的启发，拿着商业计划书开始寻找国外企业的投资，并且获得了 220 万美元的一轮投资。

（2）腾讯是如何占领市场的

那么这二十几年，腾讯是如何占据市场的呢？

首先是在聊天软件方面。美国 AOL 最早推出了聊天室的功能，但是 AOL 集团的聊天室，仅仅就只有陌生人之间聊天的功能。QQ 的推出使得聊天变得有趣，新增了 QQ 群，并且能够识别好友的手机类型、型号，在之后还推出了 QQ 形象、QQ 空间等功能，不断满足用户的需求，使得 QQ 成为了备受欢迎的一款社交软件。

在 QQ 游戏并没有特别火爆的时候，联众是世界上最早的游戏平台。但是随着联众向大型游戏转型，对于休闲类游戏的运营并不在意，使得流失了许多用户。而 QQ 游戏不断进行更新，页面也更加精美，再加上可以和好友一起游戏，就吸收了大部分的休闲游戏类的用户。在网游火爆时，随着网络游戏的火爆，QQ 将视线放在了网游上。QQ 游戏本身就占据了大部分的游戏用户群体，使得转型更加成功。

后期微信平台的推出，语音、视频等功能的增加，使得腾讯从社交功能到游戏平台方面都占据了大部分的市场。腾讯拥有最早的互联网思维，这种思维使得腾讯成功地成为了用户量最多的即时通信企业，并且打破了传统的聊天室的模式，使得网络社交走进了生活。

腾讯的成功是以社交为基础的，再通过游戏和视频等娱乐领域，占领了市场，产生了较大的收益。可以说腾讯的成功，与它的产品站在用户的角度进行思考有着很大的关系，使得腾讯的产品遍布了民众的生活之中。

（3）腾讯的产品如何齐头并进

腾讯无论是在互联网领域还是在游戏领域，都有着至关重要的影响力。从 2018 年的财报数据可以看到，2018 年腾讯的总创收达到了 3127 亿元，其中游戏创收就占据了 1284 亿元人民币，手机游戏方面的收益占据了 778 亿元。可以看到，腾讯的游戏产业占据了创收的大部分收益，虽然 2018 年游戏市场并不景气，但是对腾讯的影响并没有非常严重。其主要原因就是腾讯通过产业的布局，除了游戏板块，社交 APP 微信和 QQ 基本上已经完全占据了我国民众的社交圈。随着微信小程序的推出，也大大提高了微信的商业价值，使得腾讯实现了非常大的飞跃。

在移动支付板块的收益也非常大。从财报可以看到，腾讯金融的市场规模达到了 65386 亿元人民币，占据了金融市场份额的第三名。这也为腾讯创造了更多的收益，使得腾讯在市场上占据了霸主的地位。

腾讯的战略一直以来都是精品策略，无论是游戏还是产品，都是尽可能地通过优质的产品来吸引更多的用户量。腾讯未来的发展前景也是非常可期的。

（4）QQ 为什么能成功

用天时、地利、人和可以解释为什么 QQ 能够成功。

在腾讯成功后，创始人常常被问及一个问题：在你们开发 OICQ 的时候，ICQ 早已成熟并进入中国市场，而且已经有三款汉化版的 ICQ 产品被使用，你们是怎样后来居上的？原因有两个：一是对手的麻痹与羸弱，二是技术的微创新。在对手方面，ICQ 在被美国在线购买后，三位创始人因为不愿意离开以色列而退出，财大气粗的美国在线此时正在浏览器市场上与微软死磕，所以并没有投入太多精力于 ICQ。腾讯在产品上的微创新，创新虽小意义深远，这些创新非常适合我国国情。此谓天时。

马化腾曾经在一次技术讨论会上，提出了一个听上去与技术无关的、很古怪的问题："我们的用户会在哪里上网？" 在 1998 年年底的美国，绝大多数人都有属于自己的 PC。可是在中国，当时个人计算机普及率尚不足 1%。大部分是 25 岁以下的青年人，他们都没有属于自己的专用 PC。大家都是在网吧里上 QQ，QQ 相比 ICQ 的微创新便是把大家的联系人信息都保存在服务器上，而不是自己的 PC 上，解决了每次换个地方都要重新添加联系人号码的问题，ICQ 数据是存储在本地的 PC 上的，此谓地利，这是天然的堡垒，从某种意义上说，是 ICQ 对中国市场的不够重视。

群聊功能的开发，可以看作是腾讯在即时通信领域中的一个突破性创造。它开创性地将传统的一对一的单线索关系链升级为多对多的交叉型用户关系链，突破了原有的交流模式的局限。QQ 群的发明，彻底改变了网民维系关系链和在线互动交流的方式，标志着社交网络概念在中国的出现，而这比 Facebook 要早 18 个月。这是人和。

（5）微信为什么能走红

微信与当年 QQ 的成功有很多的相似性，这也可以说是一种"腾讯基因"吧。为什么QQ 成功了，而 ICQ 却死掉了，微信走红了，kik 却至今默默无闻，同期出来的米聊也死了。对于一个应用性的社交工具，其核心的价值是用户体验。

"摇一摇"最早出现在 Bump 上，这个软件让两个人碰一下手机来交换名片，在中国并没有人知道这个软件，微信团队把它移植到微信中，第一个月的使用量就超过了一个亿。语音通话功能早在 2004 年前后就成熟了（包括曾经称霸多年的 Skype，如今 Skype 已被大众遗忘），但也是在微信上才被彻底引爆的。因此说，在某一场景下的用户体验是一款互联网产品能否成功的关键，而不是其他。

张小龙觉得极简主义是互联网最好的审美观。极简主义和克制很相似，许多产品经理认为产品功能越多越好，越能满足不同用户的需要，实际上这是一种战术勤奋、战略懒惰的表现，因为产品经理不愿意思考真正的用户是谁，用户的核心需要是什么。越简单使用的成本越低，产品经理要像一个真正的用户一样去思考自己的产品。

3. 创业难，守住更难！看人人网的兴衰

成功从来就不是一朝一夕可以达成的，一个产品可能短时间内成为"爆款"，但这并不意味着成功。经营一家企业需要几年，十几年，甚至是几十年的积累可能才有机会成为"独角兽"级别的企业，但是衰落却是几天或者一两年就可以发生的。其中，最为典型的例子就是曾经风靡一时的人人网了。曾经头顶"中国的 Facebook"光环在纳斯达克高调上市的人人网，市值却从最高时的 70 亿美元跌到 6 亿美元。有人说，是因为微信的崛起导致人人网的衰落。也有人说，人人网的衰落是因为错失移动互联网的时机。无论如何，人人网的状况更符合"创业难，守住基业更难"这个定律。

人人网的前身是校内网，校内网创办于 2005 年 12 月，创办人是来自清华大学和天津大学的王兴、王慧文、赖斌强和唐阳等几位大学生。

校内网于 2006 年 10 月被千橡互动集团收购。同年年底，千橡董事长陈一舟决定将 5Q校园网与校内网合并。

2009 年 8 月 4 日，校内网改称人人网，社会上所有人都可以来到这里，从而跨出了校园内部这个范围。

2011 年 5 月 4 日，人人网（NYSE：RENN）在美国纽约交易所成功上市，开盘价为19.5 美元，相比发行价上涨 39.28%。截至当天 21 点 50 分，人人网股价上涨 36%报 19.04美元，市值达 74.82 亿美元，超越了搜狐、分众、优酷、网易、携程、新浪，在美上市的中国概念股中排名第二，仅次于百度，成为中国互联网市值第三的公司（仅次于腾讯和百度）。

2011 年 9 月 27 日，在上市不到半年时间，人人网宣布将以 8000 万美元收购 56 网。

2013 年 7 月，人人网开心农场下线，这款偷菜小游戏，曾在 2009 年红遍大江南北、巅峰时期拥有上亿用户。

2014 年，人人网开始大力转型，此时互联网金融正是资本追逐的热点和风口，全国网贷平台如雨后春笋般密集出现。恰巧在这个时机，陈一舟也跟了进去，开始做起了网贷业务，成立了人人理财、人人分期，结果到 2015 年，净亏损高达 2.201 亿美元。

2015 年 3 月 27 日，人人网市值缩水近 80%。

2016 年，直播领域站在了风口上，陈一舟掌舵的人人网便开始转型做起了直播。

2017 年，人人网又开始做起了二手车业务，而且全部是在竞争局势非常明朗的情况下进入的。

2018 年 11 月 14 日，人人网宣布，以 2000 万美元现金对价将人人网社交平台业务相关资产出售予北京多牛互动传媒股份有限公司。

纵观人人网的整个发展历程不难发现，人人网衰败的原因可以归结为两点：内部布局混乱，没有清晰的定位。外部竞争激烈，腾讯、新浪入场。

人人网上线之初，以学校为切入口做垂直类社交，引起了轰动，后变更为人人网面向社会所有人开放，这些都是对的。但是，内容方面的弱点却暴露无遗，这也是人人网后来转型"东一榔头西一棒槌"的主要原因。

不断盲目追风，毫不顾忌本身受众的喜好，更无视和培养自身最核心竞争力，导致其用户数以及用户黏性不断下降。一边想着全面布局放眼世界，一边却是处处漏洞补不胜补。一边是互联网后起之秀的不断赶超，一边则是人人网用户数的骤降。

很多人一双眼睛总在盯着别人看，今天流行做什么我就做什么，明天流行玩什么我就玩什么，有时候适合别人玩的领域，不一定适合自己来做。战线铺得太长太广，反而限制了自己最核心的竞争力发展，更堵塞了自己在擅长领域里越走越远的道路。

细看人人网的各种产品，团购大热的时候成立糯米网；页游和手游火爆的时候有了人人游戏；职场社交与匿名社交成为热点时，经纬网、哗哗随之成立；微博火热的时候，人人网开始强调新闻内容属性；微信崛起的时候，人人网又开始模仿推出人人私信。如此，内部没有计划的布局和混乱的定位，让人人网成了一个大杂烩，但却又什么都不精，用户转身离去，自然成了定局。另外，随着微博、微信的崛起，外部的竞争也越发激烈。微博有新浪门户的引流，微信也有 QQ 的引流，新浪是门户起家的，腾讯是社交起家的，人人网并不占任何优势。

值得一提的是，作为对标企业 Facebook 的发展历程前期和人人网有相似的地方，但是其结局却截然不同。它俩的区别在哪里呢？首先，在 Facebook 上，用户更多的是分享，建立社交网络，而在人人网上，用户更像在建立个人中心，一个单纯的展示自我或者说是炫耀的地方。Facebook 及时拓展了人群的类别，吸引了上班族、明星等人群，平台对于用户的意义更加倾向于拓展社交网络。人人网的前身是校内网，其人群定位一直都是学生，直到现在，依然如此，这很大程度上限制了人人网的用户基数。另一方面原因就是国外没有微博和微信的竞争。

陈一舟将人人网发展壮大的经历令人钦佩，但是往往创业难，守住这份来之不易的基业更难。当年叱咤风云的社交平台纷纷倒下，这不得不让人暗自感叹，为什么总有人将好好的一手牌打成烂牌。

互联网革命浪潮的脚步永无止境，这个战场有人野心勃勃地进来就有人被迫扫兴离开。有如日中天般不可撼动的行业巨头 BAT，也有后起之秀发力赶超的 TMD，当然更有如大厦将倾行将式微的人人网。

最怕的就是时间和金钱通通砸进去，最后的结果却是竹篮打水一场空。

同是走兽，狡兔灵动而黑熊蹒跚，皆为飞禽，雄鹰高飞而紫燕低回。

从互联网创业神坛到贱卖求生，有一种困局叫能力撑不起你的野心。

当自己的能力撑不起野心的时候，请你暂且停下征服世界的脚步，把眼前手中事扎扎实实地做好，而不是昨天看他起高楼，今天看他宴宾客，明天看他楼塌了。

4. 雅虎兴衰故事：一个"流量"企业的没落

提及搜索引擎，许多年轻人就会想到百度、搜狗、谷歌等搜索引擎，这三大搜索引擎也是现阶段人们用得比较多搜索引擎。但是在众多 70 后、80 后的记忆中，他们用的第一个搜索引擎却是雅虎，这个年轻人并不熟悉的搜索引擎。换句话说，雅虎是搜索引擎行业的"老大哥"，甚至一度代表整个互联网领域。

2017 年 10 月 3 日，美国企业威瑞森（Verizon）宣布，收购互联网元老级公司雅虎（Yahoo!）。在中国，雅虎的存在感一直很弱，常常被视为阿里发展历程中的一个配角。甚至在雅虎被收购之后，有评论称："投资阿里巴巴，是雅虎这些年唯一正确的决策。"

事实上，作为开创了 Web1.0 时代的互联网企业，雅虎经历过野蛮生长，作为门户网站，雅虎曾"手握打开新时代大门的钥匙"，也有过一家独大的辉煌时刻，只是在瞬息万变的互联网大潮中，没有一直"伫立潮头"，被后来者"拍倒在岸边"。雅虎是历史上首个市值破千亿美元的公司，它的兴衰故事里远不止于投资阿里这一件事。

（1）雅虎昔日的辉煌

1994 年，互联网时代刚刚起步，杨致远和同学费罗创立了互联网历史上第一个搜索引擎，并将这个搜索引擎命名为雅虎。凭借内容免费、服务收费的运营模式，雅虎开始逐步扩张，成长为集搜索引擎、电子邮箱、即时通信为一体的多元化生态系统。而雅虎的运营模式也纷纷被谷歌、百度等互联网模仿。

1996 年，雅虎成功上市，在上市的首日，市值就高达 5 亿美元。到了 1999 年，雅虎的用户就高达 1 亿，是互联网行业当之无愧的"霸主"。2000 年，雅虎所贡献的流量远超其他网站，市值更是一度高达 1200 多亿美元。这一系列的数据放到今天，也是十分惊人的。

（2）雅虎错过了什么

首先，雅虎错过了谷歌。1998 年，雅虎的风头正盛，杨致远的两个学弟找上门来，希望将自己的研究项目卖给雅虎，作价 100 万美元，但是杨致远和费罗认为这个项目并不值这个价，再加上当时的雅虎忙于扩张，于是便拒绝了他们，而这个研究成果的主体就是现在的谷歌。

其次，雅虎错过了 Facebook。2006 年，雅虎达到了事业的顶峰，全球排行前 20 的互联网企业中，雅虎和旗下的子公司独占三席。也是在这一年，扎克伯格找到了雅虎，希望以 10 亿美元将 Facebook 出售给雅虎。眼看交易即将达成，杨致远却将价格砍到 8.5 亿美元，扎克伯格十分气愤，当场撕毁了协议书。最后，到了 2008 年，雅虎已经开始走下坡路，微软为了增强自身的竞争力，表示愿意以 500 亿美元的价格收购雅虎，但是高傲的雅虎却拒绝了。2017 年 2月22日，美国 Verizon Communications 公司以 44.8 亿美元的现金收购雅虎核心的互联网资产。

（3）雅虎败在哪里

导致雅虎没落的原因有很多，主要的原因就是雅虎转型速度过慢。

雅虎的成功是因为简洁的搜索界面，而在互联网时代的浪潮兴起的时候，越来越多的互联网公司不断完善网络门户的界面，以目录的形式呈现万维网络。雅虎一直保持的这种模式在其他搜索引擎的冲击下，保留得并不长久。

雅虎作为一家互联网公司，最为致命的一点，就是自我定位长期不明，尽管获得了 Flickr、GeoCities、Broadcast、Tumblr 等庞大的产品矩阵，却一直不明晰自己到底是一家科技公司还是媒体公司。

若说是科技公司，这些产品蓬勃的用户增长量的背后，是用户生产内容模式的崛起，也是互联网 2.0 时代出现的先声，雅虎尽数握在手中却浑然不觉。若说是媒体公司，雅虎长期依赖的却是广告销售，对真正下功夫创作好内容又兴致缺乏。

在 21 世纪的第一个十年里，雅虎有充足的资金和时间来抉择、转型，但一群碌碌无为的经理人们错过了。雅虎也有机会被微软纳入彀中，借用其成功的商业模式，但由于杨致远的紫色情怀，雅虎又错过了。等到梅耶尔的到来帮雅虎下定决心，却为时过晚，在股价上迎来一次"回光返照"后，雅虎彻底被急速发展的互联网 2.0 时代拒之门外。

时至今日，人们提起雅虎，首先想到是它曾以 10 亿美元购得阿里巴巴 40%股权，最终却被改名为 AItaba 的戏剧性结尾。然而作为曾经以一个品牌代表一个行业的巨头，更应该关注的是其如何在发展中失衡，最终没落的过程。微软创始人比尔·盖茨曾说："微软离破产永远只有 18 个月的时间。"互联网公司是如此，互联网时代的人不又何尝不是呢？

一个企业的变强离不开抓住机遇，而一个强大的企业跌落神坛除了自身的原因之外，更多的是无法抓住时代发展的脚步，雅虎就是这样的。

信息时代的千变万化告诉了我们无论多么成功的企业和产品，如果跟不上社会的进步和科学技术的发展，就有可能很快地被用户抛弃。信息技术企业要想在竞争中生存并不断发展，就一定要有清晰的定位，要适应不断变化的信息时代，要始终秉承创新的理念，否则即便辉煌一时，也会很快没落。

【任务 6-2】提高法律意识与规范职业行为

【任务描述】

分别从以下三个方面，剖析在生活、学习、工作时如何提高法律意识与规范职业行为？

（1）了解与信息相关的伦理、法律和社会经济问题。

（2）遵循在获取、存储、交流、利用信息过程中的法律和道德规范。

（3）能够应用评价标准评价信息及信息源。

【任务实现】

在生活、学习、工作时应从以下方面提高法律意识与规范职业行为。

（1）了解与信息相关的伦理、法律和社会经济问题。

☆ 了解在电子信息环境下存在的隐私与安全问题。

☆ 能够分辨网络信息的无偿服务与有偿服务。

☆ 了解言论自由的限度。

☆ 了解知识产权与版权的基本知识。

（2）遵循在获取、存储、交流、利用信息过程中的法律和道德规范。

☆ 尊重他人使用信息源的权利，不损害信息源（例如，保持所借阅图书的整洁）。

☆ 了解图书馆的各种电子资源的合法使用范围，不恶意下载与非法使用。

☆ 尊重他人的学术成果，不剽窃。

☆ 在学术研究与交流时，能够正确引用他人的思想与成果（例如，正确书写文后参考文献）。

☆ 合法使用有版权的文献。

（3）应用评价标准评价信息及信息源。

☆ 分析比较来自多个信息源的信息，评价其可信性、有效性、准确性、权威性、时效性。

☆ 辨认信息中存在的偏见、欺诈与操纵。

☆ 认识到信息中会隐含不同价值观与政治信仰（例如，不同价值观的作者对同一事件会有不同的描述）。

【课后习题】

1. 选择题

（1）信息素养不包括（　　　）。

A. 信息意识　　　　B. 信息知识　　　　C. 信息能力　　　　D. 信息手段

（2）确保信息不暴露给未经授权的实体的属性指的是（　　　）。

A. 保密性　　　　B. 完整性　　　　C. 可用性　　　　D. 可靠性

（3）下列情况中，破坏数据完整性的攻击是（　　　）。

A. 假冒他人地址发送数据　　　　B. 不承认做过信息递交行为

C. 数据在传输中途被篡改　　　　D. 数据在传输中途被窃听

（4）下列情况中，破坏数据保密性的攻击是（　　　）。

A. 假冒他人地址接收数据　　　　B. 不承认做过信息接收行为

C. 数据在传输中途被篡改　　　　D. 数据在传输中途被窃听

（5）对已感染病毒的 U 盘应当采用的处理方法是（　　　）。

A. 该 U 盘不能继续使用，以防传染给其他设备

B. 用杀毒软件杀毒后继续使用

C. 用酒精消毒后继续使用

D. 直接使用，对系统无任何影响

2. 填空题

（1）职业理念的作用主要体现在（　　　）、感受到工作带来的快乐、使我们在职场上不断进步。

（2）正确的职业理念应该是（　　　）、（　　　）、符合企业管理的目标。

（3）信息安全的核心就是要保证信息的可用性、（　　　）和（　　　）。

（4）影响计算机网络安全的因素很多，对网络安全的威胁主要来自人为的（　　　）、人为的（　　　）以及网络软件系统的漏洞和"后门"三个方面的因素。

（5）信息道德是指在信息的采集、加工、存储、传播和利用等信息活动各个环节中，用来规范各种信息行为的道德意识、（　　　）和（　　　）的总和。

参考文献

[1] 陈承欢. 办公软件高级应用任务驱动教程[M]. 北京：电子工业出版社，2022.

[2] 田启明，张焰林. 信息技术基础[M]. 北京：电子工业出版社，2022.

[3] 张爱民，魏建英. 信息技术基础[M]. 北京：电子工业出版社，2021.

[4] 张敏华，史小英. 信息技术（基础模块）[M]. 北京：人民邮电出版社，2021.

[5] 眭碧霞. 信息技术基础[M]. 北京：高等教育出版社，2021.

[6] 张成权，张玮，蔡劲松. 信息技术基础[M]. 北京：高等教育出版社，2021.

[7] 伦洪山，钟林. 计算机应用基础工作页[M]. 北京：电子工业出版社，2017.

[8] 朱凤明，郭静. 信息技术[M]. 北京：人民邮电出版社，2019.

[9] 孙锋申，李玉霞. 新一代信息技术[M]. 北京：中国水利水电出版社，2021.